闫
杰
著

儿童
心理理论研究

ERTONG XINLI LILUN YANJIU

中国政法大学出版社

2019·北京

图书在版编目（ＣＩＰ）数据

儿童心理理论研究/闫杰著.—北京：中国政法大学出版社，2019.9
ISBN 978-7-5620-9216-2

Ⅰ.①儿… Ⅱ.①闫… Ⅲ.①儿童心理学－理论研究 Ⅳ.①B844.1

中国版本图书馆CIP 数据核字(2019)第 219709 号

出　版　者	中国政法大学出版社
地　　　址	北京市海淀区西土城路 25 号
邮寄地址	北京 100088 信箱 8034 分箱　邮编 100088
网　　　址	http://www.cuplpress.com（网络实名：中国政法大学出版社）
电　　　话	010-58908586（编辑部）　58908334（邮购部）
编辑邮箱	zhengfadch@126.com
承　　　印	固安华明印业有限公司
开　　　本	650mm×980mm　　1/16
印　　　张	14.5
字　　　数	230 千字
版　　　次	2019 年 9 月第 1 版
印　　　次	2019 年 9 月第 1 次印刷
定　　　价	49.00 元

序

理论的创新总为学科的发展推波助澜。18世纪以后，基于人性的觉醒和对人生发展的关注，发展心理学逐步发展成为一门独立的心理学分支。此后出现的各种发展心理学流派，各自对儿童的认知发展、道德发展、社会性发展等作出不同的解释，对有关的问题作出不同的回答。20世纪50年代让·皮亚杰（Jean Piaget）提出的发生认识论引发了儿童认知发展的研究热潮，为认知发展心理学的建立奠定了重要基础，其他如新行为主义学派，Л. C. 维果茨基所创立的社会文化历史学派以及H. P. H. 瓦隆所创立的巴黎学派等，也各具有一定影响。近年来，信息理论也渗入认知发展的研究中。

心理理论在20世纪80年代开始被提出，到20世纪90年代后开始蓬勃发展。心理理论的研究触发了发展心理学工作者的理论思维，拓宽了研究视野，成为发展心理学研究的新热点。心理理论是儿童有效的社会认知工具，与其认知发展、社会性发展、道德发展都有着密切关联。研究儿童心理理论的发展及其特点，不仅具有重要的理论价值，更具有重要的实践意义。本书系统地介绍了儿童心理理论的研究源起、概念界定及主要的相关理论，分析了儿童心理理论的模型，概括并阐述了自儿童心理理论提出以来的几个重要研究方向和研究结果，并在此基础上预测了心理理论的发展动向和新趋势。本书关于心理理论的研究有三个特点：一是内容翔实。本书详细概括并分析了关于心理理论研究的主要问题及进展，既包含了理论的进展也包括了实证研究的进展；二是资料新颖。本书参考了大量的国内外最新的文献，并运用全新的视角评价了各种理论、方法和研究内容；三是可操作性强。本书着重介绍了心理理论的主要研究领域及相关成果、具体实验方法和步骤，读者从中可了解到该领域的一般研究方法及在教育和教学中的具体应用。因此，本书体现了较高的理论价值和应用价值。

心理理论的观点自提出以来，在实验范式、应用领域等方面都取得了较大的突破，但有些问题仍有待深入研究。比如，应加强对儿童心理理论获得机制的理论探讨。虽然这方面已经取得相当成绩，但有许多现象仍无法解释，需有一个完善的理论解释其发展。另外，还需进一步探讨儿童的社会心理发展与心理理论发展的关系。例如，儿童的心理理论发展与其合作性、同情心、理解他人的情感、预测他人的行为等能力和品质的发展间关系的研究，心理理论的发展与儿童的道德发展、社交能力的形成关系的研究。此外，一些认知研究领域与心理理论的关系如何，也是未来需要关注的，例如元认知、内隐认知等与心理理论的关系。

虽然目前关于心理理论的研究还存在很多不完善的地方，但其已有研究成果可以说明或解释儿童心理发展过程中的许多重要问题，给我们如何促进儿童心理发展提供了许多启示。进一步揭示了心理理论的发生、发展的过程及机制，心理理论对其他心理过程的影响以及将心理理论研究成果运用于教育、教学实践当中，这些都会极大地促进发展心理学的发展与变革。正如作者所言：随着该领域研究的进一步加深和拓展，我们将会发现它更多的意义。

叶浩生

2019 年春于广州大学

摘　要

ABSTRACT

　　"心理理论"（Theory of Mind）是指个体对他人和自己的心理状态（如需要、信念、意图、情绪等）的认知，并由此对他人或自己的相应行为作出因果性的预测和解释。这一概念起源于普雷马克（Premack）和伍德拉夫（Woodruff）对黑猩猩是否具有一种类似于人类所有的"心理理论"的研究工作，自此便涌现出大量对于儿童"心理理论"的研究。关于儿童心理理论的研究是继20世纪瑞士儿童心理学家皮亚杰的发生认识论之后，又一个全然不同的研究儿童心理表征及认知发展的视角和范式。在短短几十年里，儿童"心理理论"的各种研究及其结果在认知发展领域产生了广泛而深远的影响，目前这一概念已成为认知发展领域中最具有探索性、最引人关注的课题，是目前发展心理学中最活跃、最高产的研究领域之一，是心理知识发展研究的新视野、新趋势。

　　自心理理论的概念提出以来，国内外的心理学家们采用不同的研究方法对这一重要心理机能从不同角度进行了各种研究。但由于理论视野与研究方法的局限，心理学家对儿童心理发展事实的"描述"往往多于对这些事实的"解释"，这一趋势不利于儿童心理理论的深入发展，也不利于利用这一理论去解决儿童心理发展过程中产生的各种问题。本书试从理论分析的角度对儿童心理理论进行全面的论述与剖析：首先，从概念分析的角度对儿童心理理论的研究源起及概念特点进行了分析；其次，分析了常识心理学、进化心理学、凯利的认知建构论、文化心理学对心理理论产生和发展的影响；最后，论文分析了理论论、模仿论、建构论、匹配论、社会化论、文化论等各种不同的诠释心理理论发展的模型。本书还介绍并分析了心理理论的实验范式及其存在的局限、不同视角下心理理论发展机制的特点，概括并分析了心理理论提出以来的主要的研究领域、研究成果及实践应用，并在此基础上探讨了当前的心理理论研究中存在的不足之处、发展的方向以及进一步深化心理理论研究的新思路。

关于心理理论的研究虽然还有许多不完善的地方，但是其理论可以解释儿童心理发展过程中涉及的许多重要问题，并且给教育及教学如何促进儿童的认知及社会性发展提供了许多启示。作为对个体社会生活及教育和教学具有重大意义的心理能力，这一研究领域必将得到研究者的更多关注。随着研究技术及方法的不断完善，不断丰富的研究成果将向人们展示关于"心理理论"发生、发展得更完整、更细致的图景，揭示心理理论是如何发生发展的、它与其他心理机能的联系以及如何改进我们的教育，这会在理论及实践两个方面极大的促进发展心理学的发展与变革。

目 录
CONTENTS

第一章

绪　论

人类的心理是如何产生和发展的一直是心理学界，尤其是发展心理学不断争鸣的一个重要课题。这一课题是建构心理学其他理论的理论基石。对这一课题的深入研究与探讨，会引发心理学其他理论的变革与发展。

第一节　心理理论研究的意义

一、理论意义

（一）丰富和发展认识论

儿童是怎样意识到自己和别人的想法或观点不同？怎样逐渐学会站在他人的立场上去看问题？怎样获取别人的真实想法或情绪及这些想法或情绪是如何变化的？所有这类问题的回答都必须涉及一个问题：即儿童的心理知识是如何形成和发展的。儿童心理学家们很早就进行了有关这个问题的研究，到目前为止主要经历了三个研究阶段：第一个阶段是20世纪50年代皮亚杰通过临床法对儿童"观点采择"（或角色采择）的研究；第二个阶段是20世纪70年代关于弗拉维尔（J. H. Flavell）提出的"元认知"的研究；第三个阶段是20世纪80年代关于儿童心理理论的研究。可以说关于心理理论的研究是继皮亚杰关于儿童观点采择的研究和元认知研究的热潮之后，发展心理学界又一个重要的研究儿童心理理解能力和心理表征发展的不同范式。

这一概念自从提出以来，心理理论研究激发了传统认知发展领域的诸多研究者的研究兴趣和想象。一些研究者认为，心理理论在某种程度上与认知发展领域内的一些传统课题遥相呼应，心理理论的研究最终使研究者关注到更为基本的问题——儿童是如何建构一个关于他们的世界（其中最核心的成分是其他人）的认识。因此，一些研究者强调，不应将心理理论视为一个专门的课题和一个全新的研究领域，而是可以将心理理论概念框架与发展心理学的其他概念结构和经验探索路线联系起来，形成一个更为广泛的心理理论研究领域。

正是在这样的认识背景下，库恩（Kuhn，2000 年）[1]提出，可以将心理理论的研究与元认知的研究整合到关于元认识（Metacognition）的毕生发展研究路线之中。库恩认为，元认识的元认知、元策略和认识论三个维度，均可在早期的心理理论发展中找到根源。这些元认识能力在其他一些认知发展领域中（如在科学推理和辩论推理等领域中）所扮演的重要角色，得到了广泛的研究。库恩提出，因为其确切包含什么以及构成其发展起源的各种能力方面的界定不清，阻碍了诸如科学推理能力的发展等领域相应研究的深化。如果能够厘清认识论和心理理论认识的早期发展如何为科学推理的发展提供早期基础，则有可能为诸如此类领域的概念化和研究提供某种更全面的理论框架；反过来，心理理论研究亦可得益于从某种毕生发展视角进行的探究。新近的研究表明，这种整合的确是十分有益的。譬如，关于认识论方面的发展及其与科学推理技能关系的探究，就是一个在毕生发展观指导下的与心理理论研究有关的研究领域（Chandler，Hallett，Sokol，2002 年）。[2]一些旨在探究老年人心理理论发展的研究也得到了一些很有价值的发现。例如，哈佩等人[3]（Happe，Winner，Brownell，1998 年）的实验研究发现，在控制任务上，老年人同其他年龄阶段的被试相比，似乎更缺乏心理理论推

〔1〕 Kuhn, D., "Theory of mind, Metacognition, and Reasoning: A life-span perspective", In: Mitchell, P. & Riggs, K. J. (eds), *Children's Reasoning and the Mind*, Hove, UK: Psychology Press, 2000, pp. 301~326.

〔2〕 Chandler, M., Hallett, D., Sokol, B. W., "Competing Claims about Competing Knowledge Claims.", In: Hofer, B. K. & Pintrich, P. R. (eds), *Personal Epistemology*, Mahwah, NJ: Lawrence Erlbaum Associates, 2002, pp. 145~168.

〔3〕 Happe, F., Winner, E., Brownell, H., "The Getting of Wisdom: Theory of mind in Old Age", *Developmental Psychology*, 1998, (34), pp. 358~362.

理能力。梅勒等人[1]（Maylor，Moulson，Muncer，Taylor，2002 年）的研究则认为，即使控制了词汇、任务要求和任务完成速度等变量的差异，年龄高于 75 岁的老年被试仍存在明显的心理理论缺陷。类似研究还有，例如苏利文等人通过对比实验发现，老年被试的心理理论任务完成、情绪区分还有其他社会认知测试上的得分明显低于其他被试，均存在明显缺陷。

马克思和恩格斯在《德意志意识形态》一文中曾经指出："思想、观念及意识的产生最初是与人们的生产活动，与人们的现实交往，还有生活中的语言交流直接交织在一起的。"[2]心理理论已有的研究成果从以下两个方面支持了唯物主义认识论：一方面是支持了反映论。历史唯物主义认为，人的认识是人脑——这一进化灵敏的特殊器官对于外部现实世界的反映，这是通过漫长进化形成的物质最高级的反映形式。反映过程同物质的和观念的创造过程密切联系。心理理论的获得与发展同样是儿童在与周围人的互动中随着年龄的增长逐渐建构起对他人心理状态的认识，这一认识同样是对客观世界的反映。另一方面是支持了发展的观点。婴幼儿关于自己和他人的心理状态及心理活动的认识发展，与制约着成人思维有效性、较复杂的认知与社会认知发展之间似乎存在着千丝万缕的发展联系。因此，构成新近大量研究之核心问题的心理理论发展早期成就，其所标记的是人毕生发展的开始，而非发展的终结。把心理理论的早期成就与以后更为多样的发展联系起来加以思考和探究，也更有助于彰显心理理论研究在个体认知毕生发展中的重要意义。

（二）丰富和发展发展心理学

发展心理学是心理学的重要分支，其研究成果为心理学的不断深化提供了厚实的理论基础。纵观近 20 年的变化，认知取向一直是发展心理学的主导研究趋向。心理理论是关于儿童社会认知发展的一个重要概念，基于心理理论的研究视野对儿童社会性发展的假设

---

[1] Maylor, E. A., Moulson, J. M., Muncer, A. M., Taylor, L. A., "Dose Performance on Theory of Mind Tasks Decline in Old Age?", *British Journal of Psychology*, 2002, (93), pp. 465~485.

[2] 《马克思恩格斯全集》（第3卷），人民出版社 1979 年版，第 29 页。

是：只有具备一定水平的心理活动知识，儿童才可以掌控自己的心理活动或识别他人的心理活动，并学会做出恰当的情绪反应，进而发展相应的社会交往行为。心理理论的概念自 1978 年提出之后，在发展心理学界引起极大瞩目，研究成果层出不穷，很快就成为继皮亚杰关于儿童认知发展的研究和元认知研究之后，又一个探究儿童心理理解和心理表征的崭新角度和范式，成为儿童认知发展研究的第三个重要浪潮。不仅如此，自发起之日起心理理论的研究势头就十分迅猛，在短短几年内就取代了元认知在认知发展研究中的主导地位，很多研究者对其极为关注。当前，对心理理论的研究已经发展成为视角丰富、手段繁多、领域宽广的立体化研究态势。比如，从事心理学基础理论研究的学者们着重研究该心理理论在心理学发展史中的影响、它对皮亚杰的发生认识论和元认知观点的继承与发展以及它独特的研究视角和观点。而发展心理学家们则更倾向于从个体角度研究心理理论的起源和发展，研究对象主要是学龄前儿童，但他们同时也关注心理理论人生全程发展的过程和各年龄阶段的特点。

虽然目前关于心理理论的研究还存在很多不完善的地方，但是其已有的研究成果可以说明或解释儿童心理发展过程中的许多重要问题，给我们如何促进儿童心理发展提供了许多启示。进一步揭示心理理论的发生、发展的过程及机制，它对其他心理过程的影响以及将研究成果运用于教育、教学实践，这会极大地促进发展心理学的发展与变革。总之，心理理论的研究触发了发展心理学工作者的理论思维，拓宽了研究视野，成为发展心理学研究的新热点，随着该领域研究的进一步加深和拓展，我们会发现它更多的意义。

（三）为病理心理学提供理论借鉴

病理心理学又称"变态心理学"，是心理学的应用学科，是运用心理学的原理和方法分析各种异常心理，帮助个体治疗和纠正各种精神和行为障碍，并通过心理咨询与治疗促进个体人格的健康发展，以便使个体能够有效地适应社会生活。现代社会，由于贫富差距及生存压力等问题导致的各种精神疾病和异常行为繁多，这严重影响了人们的身心健康和生活质量，而病理心理学主要研究精神障碍和异常行为的形成原因、不良影响及如何治疗，因此，这一领域的研究在现代社会仍将是临床心理学家们研究的重点。正如唐纳德·K. 劳恩（Donald K. Routh）所指出："我保守地预测，病理心理学研究仍将继续，到 2050 年，像忧郁（Melancholia）、躁狂（Mania）、智力发展迟滞（Mental retardation）、痴呆（Dementia）等基本病理心理学概念仍将保留，并是该领域的热点……"。[1]目前，由于研究手段精细精准，研究经费投入巨大，该研究已成为心理学应用学科发展最快的前沿研究方向，具有辉煌前景。

　　近几年，神经心理学家和认知科学家非常注重从大脑认知缺损角度来研究孤独症和精神分裂症等异常心理发展障碍，其中心理理论缺失假说（The Theory of Mind Deficit Hypothesis）受到了广泛的认同。这也证明，心理理论的概念和研究对病理心理学家之所以非常具有吸引力，原因并不是因为心理理论的最高表现形式为人类所独有，而是因为心理理论缺损或缺乏可以解释儿童和成人的一系列表现异常。通过研究自闭症儿童、孤独症患者、脑损伤患者、精神分裂症患者等特殊症状人群的 ToM 发展的机制、特点及与正常儿童的比较研究，为寻求他们病因的心理解释和治疗方案提供了一种新的思路。巴伦·科恩（Baron-Cohen，1985 年）等人运用意外地点任务对唐氏综合征、孤独症和正常儿童的心理理论进行了对比测试，首次从心理理论的缺损角度来解释孤独症的症状，并为孤独症的三个典型特征：交流障碍、社会性障碍和想象障碍提供了统一的理论解释。[2]自此之后，引发了一系列从心理理论缺损角度对特殊症候人群的研究。如邓赐平（2005 年）等在自闭症儿童的信息整合与心理理论的相关关系的实验研究中发现：自闭症儿童存在明显较弱的中心信息整合，进而影响儿童 ToM 的发展。[3]此类研究将会为病理

〔1〕　Routh, D. K., "The field of clinical psychology: A response to Thorne", *J Clin Psychol*, 2000, 56 (3), pp. 275~286.

〔2〕　Baron-Cohen, S., Leslie, A. M., Frith, U., "Does the Autistic Child have a Theory of Mind?", *Cognition*, 1985, (21), pp. 37~46.

〔3〕　邓赐平、刘明："解读自闭症的'心理理论缺损假设'：认知模块观的视角"，载《华东师范大学学报（教育科学版）》2005 年第 4 期，第 53~57 页。

心理学提供理论借鉴，从而为特殊症候人群的康复与治疗提供启示。

二、实践意义

心理理论是儿童有效的社会认知工具，与其认知发展、社会性发展、道德发展都有着密切关联。研究儿童心理理论的发展及其特点，不仅具有重要的理论价值，更具有重要的实践意义。

（一）为学校道德教育提供理论指导

道德心理发展研究是发展心理学中重要的研究领域，在不同时期都受到相关心理学理论的影响。皮亚杰从社会认知角度对儿童道德发展做了开创性的研究，柯尔伯格（L. Kohlberg）受到皮亚杰等人的启发，在以往研究的基础上对儿童的道德发展进行了系统的理论和实证研究，并归纳出他的关于道德发展的"三个水平、六个阶段"理论。柯尔伯格采用的是伦理困境的公正主题，后来的一些道德心理学家们又开创了关爱和宽恕主题，这些都发展成为道德心理研究的重要主题。不管是皮亚杰还是柯尔伯格还有他们的追随者对道德心理的研究都明显受到了认知学派的影响，而心理理论对道德心理发展的研究更是鲜明的具有认知倾向，从社会认知的角度打开了道德心理发展的一个新的视角。

在儿童社会化的过程中，道德发展是其重要内容。儿童的道德发展不是分离独立的，在道德认识的提高、道德情感的增强的同时，道德行为也是同时形成与发展的。在社会交往的过程中，儿童只有能从人与人的不同关系上，能从他人的不同地位认识某个问题，能意识到彼此不同的地位，觉察到他人行为时的不同心理活动，才能使实现道德判断从他律向自律的顺利过渡。在个体道德发展过程中有一种能力称为移情（Empathy），而移情能力的产生需要对他人情感具有一定的敏感性，能够设身处地的站在对方的角度分析、理解别人的感情，并在此基础上产生替代性体验。移情是以认知为基础的，通过认知来分析并感受他人的情绪是移情产生的重要因素。心理理论的构建及提高是儿童认知发展的重要条件，因此，可以说心理理论是推动儿童道德发展的重要心理力量。

儿童的心理理论和道德发展虽然是两个有着不同内涵和外延的

概念，但是它们的发展都是儿童社会化的重要方面，同时，两者又都互有某些重合的成分，二者呈现出一种既相互促进又交叉发展的关系。当儿童心理理论能力达到一定水平时，他们就能够以通过观察到的情绪和行为，对他人进行心理状态、行为倾向或后果的正确归因，有效地预测自己的表现或行为将对他人产生何种影响，并推测出将来可能发生的后果。有实验研究表明，一些儿童的攻击行为在很多情况下是因为这些儿童没能理解对方的友好行为或善意的玩笑，而把这些非敌意行为视为是对自己的侵害而进行攻击，不能准确判断对方的真实动机和意图。因此，儿童心理理论的不断发展，能够为其社会性发展打下良好的认知基础，帮助儿童更快更好地进行人际交往，使儿童更顺利地适应社会。例如，儿童假如提高了对他人心理表征和心理活动的认识水平，认识到人们对同一事物可能会有不同的看法和情绪，就可以理解欺骗、偏见、看法、信念、印象、讽刺、争执、反语等观念和概念的内涵，更恰当地结合意图、动机、信念、愿望等心理活动理解他人的行为，从而有助于儿童在日常生活中与他人进行友好的交往或与家人、朋友建立融洽的关系。因此，从心理理论的视角可以更深入地了解儿童社会认知的发展规律，更准确地把控儿童道德发展的规律及特点，为学校科学有效地实施道德教育提供指导，促进儿童道德教育沿更符合儿童心理发展规律的方向发展。

（二）为家庭教育提供指导

虽然研究者们对于儿童在 4 岁时就已经获得了心理理论能力的观点基本取得一致，但是同一年龄阶段的儿童在完成错误信念任务上仍表现出明显的差异，如霍格瑞夫等人（Hogrefe，Wimmer，Perner，1986 年）[1]的实验研究发现，3 岁儿童完成错误信念任务的通过率只有 10%，而弗里曼（Freeman）等人（1995 年）[2]的研

〔1〕 Hogrefe, G. J., Wimmer, H., Perner, J., "Ignorance versus false belief: A developmental lag inattribution of epistemic states", *Child Development*, 1986, （57）, pp. 567~582.

〔2〕 Freeman, N. H. &Lacohee, H., "Making explicit 3 year olds' implicit competence with their own false beliefs", *Cognition*, 1995, （56）, pp. 31~60.

究则发现 3 岁儿童完成错误信念任务的通过率为 80%。对此，研究者普遍认为，同龄儿童具有不同水平的心理理论是其早期不同生活经验共同作用的结果，如果儿童早期与他人有丰富的社会交往，这极大地有助于儿童心理理论的发展。因此，家庭环境作为对儿童早期社会经验起重要影响的因素，就必然成为研究者们关注的重要内容。

在佩尔奈等人（Perner, Ruffman, Leekman, 1994 年）[1]有关心理理论发展水平与儿童拥有兄弟姐妹的数量之间的相关研究中表明，儿童兄弟姐妹的数量与他们在通过错误信念任务上的成绩存在显著相关，家庭规模的大小是影响儿童理解错误信念的一个重要因素。同时期，詹金斯（Jenkins）等人（1996 年）[2]的研究也得出了相同的结果：家庭规模是预测儿童对错误信念的理解的重要变量，家庭规模之所以成为影响儿童心理理论的发展的重要因素，是因为家庭规模越大、家庭成员越多，儿童与他人进行互动和交往的机会也就越多。另外，如果兄弟姐妹数量相同，拥有哥哥姐姐多的儿童比拥有弟弟妹妹多的儿童在完成错误信念任务上的得分要高。这些研究结果支持了"学徒假说"，即儿童与周围一些经验或知识更丰富的人的社会交往有助于其心理的成熟和发展。但是，也有不同的研究结果，例如，邓恩（Dunn）等人（1999 年）[3]的研究表明，4 岁儿童拥有兄弟姐妹的多少与儿童对错误信念的理解不存在显著相关。产生这些不同研究结果的一个最可能的原因是由于研究范式的不同而导致的。基于不同经济情况的家庭和跨区域研究则表明，家庭经济情况、地区发展差异是影响儿童心理理论发展的重要变量，来自较高收入家庭及发达地区的儿童，同来自低收入家庭或经济落后地

---

〔1〕 Perner J, Ruffman T, Leekam S R., "Theory of mind is contagious: You catch it from your sibs", *Child Development*, 1994, 65（4），pp. 1228～1238.

〔2〕 Jenkins, J. M., Astingtong, J. W., "Cognitive factors and family structure associated with theory of mind development in young children", *Developmental Psychology*, 1996（32），pp. 70～78.

〔3〕 Dunn J., Brown J., Slomkowski C., et al., "Young children's understanding of other people's feelings and beliefs: Individual differences and their antecedents", *Child Development*, 1991,（62），pp. 1352～1366.

区的同龄儿童相比，来自高收入家庭及发达地区的儿童在情感等的识别任务上表现出更高的水平。有关研究[1]还表明，父母的受教育水平、职业、社会地位也是影响儿童对情绪识别和错误信念理解的重要因素，存在显著相关，尤其与母亲的相关更高。对于家庭背景是如何促进儿童心理理论的发展的，研究者普遍认为家庭成员之间的互动、家庭言语交流方式、假装游戏的角色扮演是促进儿童心理理论发展的重要途径，但还有待进一步探索其内部机制。

已有的研究已经充分证明，家庭是影响儿童心理理论发展的一个重要因素。这些研究成果为在家庭教育方面如何有效促进儿童心理理论的发展提供了重要指导。本书将进一步深入探讨家庭究竟在哪些方面会影响儿童心理理论的发展及产生影响的机制是什么，从而为科学的家庭教育提供指导。

（三）为儿童心理咨询与治疗提供方法指导

在社会交往中个体的适应程度同他在自我认知和评价方面的准确程度是大体一致的。个体要形成准确的自我认知就必须实现认知与现实相吻合，即自我评价与他人的评价大体一致，自我形象的估计与他人对自己的看法大体一致。这就要求个体不仅要在日常生活中对自己进行适当的评价，同时还要在交往中接受他人的评价信息并加以内化，最终形成较准确的自我评价。而在这个过程中，无论哪一个环节脱节，都会有可能使个体在今后的生活中产生心理障碍，像口吃、社交恐怖、人际关系紧张、抑郁症、强迫症等。换句话说，在儿童心理发展的早期，如不注意其心理理论能力的发展，极有可能导致其后期心理障碍的产生。

心理障碍产生的原因是极为复杂的，其中社交障碍的发展，多源于两种原因：一种是由于个体拒绝接受他人的观点，以自己的观点为中心；另一种则相反，是由于过分认同他人的观点而将自己的观点全盘否定。这些都说明早期心理理论能力未得到良好发展。以

[1] Cutting L., Dunn J., "Theory of mind, emotion understanding, language, and family background: Individual differences and inter relations", *Child Development*, 1999, (70), pp. 853~865.

社交恐怖为例，很多社交恐怖患者在其症状形成的初期，极力想去了解他人（特别是生活中的重要人物）对自己的评价，但由于社会视角转换困难，他们往往从自己的角度出发，根据自己假设的、不准确或不真实的观点去看待问题或行为，从而产生消极的情绪和不恰当的行为。而近期对儿童人际关系紧张的研究表明，儿童在课堂上捣蛋，甚至攻击他人，并不是他们的本意，只是他们很想引起同学、老师的注意和重视，但又无奈自己成绩平平，所以想通过这种方式给他人留下一个深刻的印象。但是，他们不知道这只是他们一厢情愿的想法，效果并不好。因此在这些方面的心理治疗中，如能注意培养其心理理论能力，必能有助于行为障碍儿童在更深入和准确地把握他人心理的基础上调整自己的行为，使治疗取得一个好的效果。

（四）为特殊人群的康复与治疗提供指导

在心理理论的研究中所涉及的特殊群体主要是孤独症、精神病、Asperger's 综合征、Dowm's 综合征群体、聋盲哑群体、超常儿童、弱智儿童、问题儿童等。其中对孤独症的研究比较多，大量研究都表明孤独症儿童所表现出的心理推理能力较为落后，并且在元表征能力的形成上表现出困难状态。同时，在对错误信念、知识状态、假装、基于信念基础的情绪等的认识方面孤独症儿童都存在困难；他们的自发语言中很少涉及心理状态词，难以区分心理和物理的本质及认识大脑的心理活动。迄今为止，国内对特殊群体心理理论发展的实证性研究还比较缺乏。因此，该领域未来的研究需要深入探究特殊群体心理理论发展的特点，进一步分析他们对心理状态各个方面的认知规律，解释他们心理理论发展的生理机制，探索他们的心理理论发展与其实际社会交往技能的关系，以及进行不同特点儿童心理理论发展的比较，开展针对提高特殊群体心理认识能力的教育和训练，为心理理论的整体研究提供重要的科学依据，并为真正提高他们的人际认知水平和有效的交往能力服务。除此之外，如何开发新的研究手段，进一步拓展和加深对特殊群体心理理论的基础研究，也是未来研究的重要方向。

第二节　国内外的研究现状

一、国外研究综述

（一）国外儿童心理理论研究的基本状况

近年来，国外关于心理理论的研究成果不断增加。笔者以"theory of mind"作为关键词，在美国心理学会数据库 PsycINFO 光盘上检索，对历年的论文发表情况进行了整理，结果如表1-1：

表 1-1　PsycINFO 中包含关键词 "theory of mind" 的历年论文数

年代	1978~1984	1985~1989	1990~1995	1996~1998	1999~2000	2001~2002	2003~2004	2005~2006	2007~2008	2009~2016
论文篇数	17	72	438	323	427	341	418	317	349	386

（注：有此关键词的论文并非都是心理理论的研究，但绝大部分为关于心理理论内容的。）

除了各种学术论文外，国外集中论述心理理论的专著也层出不穷。"心理理论"的研究是近十年来认知发展研究的焦点，正如著名心理与教育学家加德纳（H. Gardner）指出的，在过去的 10 年里发展心理学中最重要的研究是有关儿童"心理理论"方面的。[1]

（二）国外儿童心理理论研究的历史演进

1978 年，普雷马克与伍德拉夫以黑猩猩为被试进行了一系列实验。他们的研究是基于这样一种推断：如果个体把主观状态归因于自己或他人，那么这个个体就具有心理理论。之所以把这样一个推理系统当作是一种理论（theory），是因为像这样的状态不能被直接观察到，而且这样一个系统还可以被用来预测其他人的行为。他们以黑猩猩为被试，采用物品"意外转移"的方法来研究。结果发现，

〔1〕　Astington, J. W. , "Theory of mind goes to school. Educational leadership", 1998, (11), pp. 46~49.

黑猩猩也有推测同伴或人的心理状态的能力，即拥有"心理理论"。研究者让黑猩猩被试看到一只黑猩猩把物体 X 放入一个容器中后离开那儿；然后又看到在这只黑猩猩不在的情况下，另一只黑猩猩把 X 从容器 A 中移到容器 B 中。如果黑猩猩被试的行为是期望返回的第一只黑猩猩会到容器 A 中而不是容器 B 中找寻物体 X，那么研究者就确信黑猩猩被试对信念有了一些理解。根据研究结果，他们撰写了《黑猩猩是否拥有心理理论?》(Does the chimpanzee have a theory of mind?) (1978 年)[1]的论文，文中指出：动物也能在一定水平上理解自己和他人的情绪、意图、思考、动机和目的等，动物也具有人类所具有的心理理论。文章发表后普雷马克等的观点引起了人们的极大争议和兴趣。

丹尼特 (Dennett, 1978 年)[2]设计了一个验证性实验：实验者 A 先将水果箱子的钥匙放在红色的盒子里然后离开，实验者 B 进来后再将钥匙拿到一个绿色的盒子里，整个过程都让黑猩猩 C 看到。A 回来后要取水果喂 C，由于 A 只知道钥匙放在红盒子里，故可预想 A 会找红盒子取钥匙。结果表明，只有不到 5% 的黑猩猩完成任务，它们会预测到 A 会找红盒子取钥匙。1983 年，威默和佩尔奈 (Wimmer, Perner)[3]把这个话题转移到了人类，他们借用"意外转移"的方法来考察年幼儿童对错误信念 (false belief) 的理解。他们让被试观察用玩偶表演的故事：男孩马克西将巧克力放到厨房的一个蓝色的橱柜里，然后离开。他不在时，他的妈妈把巧克力转移到了绿色的橱柜里。然后让被试推测，马克西回家后会到哪个橱柜去拿他的巧克力。实验结果发现，3 岁儿童一般认为马克西会到绿色的橱柜里找，即预测马克西会按照现在放置巧克力的真实地点去找巧克力。这说明 3 岁儿童尚不能理解错误信念。4 岁儿童则会认识到，尽管马

---

〔1〕 Premack. D., Woodruff, G., "Does chimpanzee have a theory of mind", *Behavioral and Brain Sciences*, 1978, (1), pp. 515~526.

〔2〕 Dennett, D. C., "Beliefs about beliefs: The Behavioral and Brain Sciences", 1978, (1), pp. 568~570.

〔3〕 Wimmer H., Perner J., "Beliefs about beliefs: Representation and constraining function of wrong beliefs in young children's understanding of deception", *Cognition*, 1983, (13), pp. 103~128.

克西关于巧克力地点的信念是错误的，但他还是会按照自己错误的信念到蓝色橱柜里找。这表明，4 岁儿童已能理解错误信念，拥有了心理理论。

后来，研究者们又采用了多种研究方法，来探讨儿童心理理论的发展特点。

另外一项和心理理论的兴起有关的研究是和元记忆的研究相联系的，即评估儿童对心理动词（如知道、忘记）的理解。韦尔曼和约翰逊（Wellman，Johnson，1979 年）[1]设计了一个有趣的实验来调查儿童对心理动词——记得（remember）、知道（know）、猜测（guess）的理解。他们给儿童呈现三种实验条件：一是在"记得"的情境中，让儿童看到物体被隐藏在两个容器中的一个下面；二是在"知道"的情境中，不让儿童看到隐藏物体的过程，但儿童可以通过一个透明的容器看到里边是否有被隐藏的物体，三是在"猜测"的情境中，既不让儿童看到物体被隐藏，也未给儿童呈现透明的容器。在三种实验条件中都要求儿童指出物体所在。然后向儿童提问，你"记住"物体在哪儿了吗？你"知道"物体在哪儿了吗？你"猜"出来物体在哪儿了吗？结果发现，即使是 4 岁儿童，也有超过一半的被试能够区分这三种心理动词。

韦尔曼和他的同事们把儿童的发展性元记忆知识和他们对心理动词的理解定义为心理理论的发展。由此可知，今天所开展的心理理论研究，实际上是以研究儿童对"错误信念"的理解和对"心理动词"的理解为源头的，这很快就发展成了心理理论新的研究趋向。这种趋向在 1986 年春天美国心理学界举行的两次研讨会上都达成了一致看法并最终形成了《发展中的心理理论》一书，这标志着美国心理学界对心理理论概念的认同，对儿童心理理论的研究热潮由此正式展开。

最初，研究心理理论的开创者普雷马克和伍德拉夫于 1978 年提出，心理理论只是推测或预测他人心理活动的一种能力。随着对这

〔1〕　Wellman, H. M., Johnson, C. N., "Understanding of Mental Processes: A Development Study of 'Remember' and 'Forget'", *Child Development*, 1979, (50), pp. 79~80.

一课题研究的不断深入，一些研究者补充认为，心理理论不是单一的能力，而应该是一个推理系统，它可对不可观测的心理状态进行推测，并对相应的行为进行预测，因而可将该推理系统视为一个"理论"。之所以把人们关于心理的知识称为"心理理论"，是因为常人的心理知识是由相互联系的一系列心理因果关系而组成的知识体系，人们可以根据这个知识体系对他人的行为进行解释和预测，而这个知识体系就像科学理论一样，有其发生、发展的过程。但同时，有研究者认为，人们的心理理论并不是一个科学的理论，而是一个非正式的日常理论，是一个框架性的或基本的理论，所以常常把这种心理特点称为常识心理学或朴素心理理论。

（三）国外儿童心理理论研究的思路与研究方向

近几十年以来，儿童的心理理论激起了发展心理学家们的极大兴趣，研究者对其进行了广泛而深入的研究，研究思路主要有二种：一种是横向研究思路，包括婴幼儿的感知觉能力、区分图形能力到对错误信念的理解、情感的观点采择能力和对不同人格特质的认知，研究范围非常宽泛，涉及心理状态的各个方面。其中儿童对愿望及意图的理解、错误信念、心理表征成为横向研究的重点。标准的错误信念的实验程序基本是这样的：主人公将某物放在 A 处并离开，当他离开后该物被他人转移至 B 处，这时主试问被试儿童，假如主人公返回后他会在哪里寻找该物，A 处还是 B 处？大量同类研究表明，3 岁的儿童普遍认为主人公将会在 B 处寻找该物，而 4 岁儿童则普遍认为主人公将会在 A 处寻找。钱德勒（Chandler）等人[1]认为，3 岁儿童大都还不能理解人们的信念因何会产生变化，对他们来说，预测一个拥有错误信念个体的心理动态和行为，比预测通过欺骗对方而产生的错误信念更难。另一种是纵向研究思路，即从全程发展的视角研究个体从出生到成熟过程中的认知发展，采用的被试主要集中于个体 1 岁半至 5 岁这一年龄阶段。尽管有的研究结论或

---

[1] Chandler, M. Fritz, A. S. , Hala, S. , "Small Scale Deceit: Decepion as a Marker of 2-, 3-, and 4-year-old's Early Theories of Mind", *Child Development*, 1989, (60), pp. 1263~1277.

结果存有分歧，但这些纵向研究对于儿童早期心理理论的发展过程，多数都认同韦尔曼的观点：[1]即2岁左右的儿童已获得了一种愿望心理（Desire Psychology），这种愿望心理内涵丰富，不仅包括愿望的初级概念，还包括注意、知觉及情绪的初级概念，也就是非表征性概念；儿童从3岁起开始能够谈论如愿望、理想、思想等心理状态，他们大部分能够理解个体的信念不仅有差异和正确，还存在错误的心理表征。3岁儿童的这种理解水平表明他们具有了愿望—信念心理（Desire-belief Psychology）；4岁左右的儿童能够理解个体的信念和思维，他们逐渐获得了成人具有的信念—愿望心理（Belief-desire Psychology），能够认识到个体行为是由他们各自的信念和愿望所决定的。心理理论自产生以来，从纵向角度来说其早期的研究主要集中于3至5岁儿童的外表—事实认识、错误信念理解和观点采择能力的发展等方面。后来又发展了其他方面的研究，主要涉及以下内容（如下图中箭头所示）：

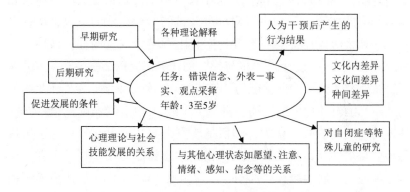

例如，研究者以错误信念为重点，还延伸到对意图、感知、愿望和情绪等其他的心理活动的研究，并且概括出了对于心理理论的各种不同理论解释。除此之外，还有学者把研究重点集中于有关心

---

[1] Bartsch, k., Wellman. H. M., *Children talk about the mind*, Oxfor, UK: Oxford University Press, 1995, pp. 143~145.

理理论与抑制性控制关系的研究上来。[1]总的来说，当今心理理论的研究已经拓展出了许多新的研究方向，视野更宽广，研究方法也多种多样。

（四）国外儿童心理理论研究的主要领域及取得的成果

在过去的 20 年里，儿童心理理论的研究大多集中在儿童获得"心理理论"的年龄，错误信念以及"心理理论"的获得与其他心理发展间的关系等主题上，但近十年研究的焦点逐渐转移到对儿童欺骗行为，错误信念后儿童心理理论的发展特点以及儿童心理理论发展的个体差异及儿童心理理论的脑神经机制的探讨方面。

1. 心理理论的阶段观研究

心理学家大都将对错误信念的理解看作是儿童获得心理理论的主要标志。许多标准测试的实证研究发现，儿童能够意识到错误信念的年龄分界线为 4 岁，因而许多心理学家认为 4 岁为儿童获得"心理理论"的年龄。在我国以 3 所幼儿园的 233 名 3 至 6 岁儿童为被试，用"意外转移"和"欺骗外表"两个错误信念测验考察，也得出相应的结论。[2]但由于对标准测试的研究方法的争议，研究者在儿童什么时候具备"心理理论"仍上存有争议。例如，钱德勒等人（1991 年）[3]设计了"藏与找"的任务研究以 2 岁半至 4 岁儿童为被试研究了儿童的欺骗能力，结果发现不管是 2 岁、3 岁还是 4 岁的儿童都能够使用欺骗策略，且三个年龄组之间不存在显著性差异。钱德勒和其同事故此认为，即便是 2 岁半的儿童也已经具有了采用各种欺骗策略以达到引导他人的错误信念的能力。一些研究者甚至对心理理论发展的阶段产生怀疑，米切尔(Mitchell)[4]认为不同的

〔1〕 王江洋："学前儿童心理理论与抑制性控制关系研究进展"，载《辽宁师范大学学报（社会科学版）》2003 年第 1 期。

〔2〕 王益文、张文新："3~6 岁儿童'心理理论'的发展"，载《心理发展与教育》2002 年第 1 期。

〔3〕 Chandler, M. J., Frit, A. S., Hala, "S. M. Small scale deceit: Deception as a marker of 2, 3 and4 year olds' early theories of mind", *Child Development*, 1991, （60）, pp. 1263 ~ 1277.

〔4〕 Mitchell, P., Lacohee, H., "Children's EarlyUnderstanding of False Belief", *Cognition*, 1991, (39), pp. 107~127.

操作要求可能影响到儿童认识到错误信念的年龄阈限，因为测试任务的不同，儿童能成功通过错误信念测试的年龄而有所变化，而不是因为某种固有的认知发展的质的变化，他认为随年龄变化的是现实性在儿童认知活动中的支配性的减弱，而非认识错误信念的能力。针对这种争议阿斯廷顿和詹金斯（Astington，Jenkins，1995年）[1]指出，比争论更为重要而有意义的问题是：为儿童心理理论发展的因果解释提供研究证据。福尔摩斯（Holmes，1996年）[2]针对这种争议也评论道：争论儿童究竟在多大年龄获得心理理论毫无意义。

2. 错误信念及错误信念后儿童心理理论的研究

儿童获得心理理论的主要标志是儿童能够理解错误信念，因而对错误信念的研究是与心理理论的阶段观密不可分的。目前心理学家感兴趣的是，心理理论的获得是否意味着儿童对心理认识发展的终结呢？若不是，此后儿童对心理的认识还有哪些重大的发展呢？对于该问题目前主要有3种理论观点及相关研究：

第一种是佩尔奈的观点：[3]儿童的心理理论从对一级错误信念的理解发展到对二级错误信念的理解。他认为，在达到对错误信念的理解后，儿童的一个主要的量的发展就是他们能够洞察到的心理状态的嵌入数量在增加，他把儿童对他人信念的认知分为一级信念和二级信念。所谓二级信念是指认识到一个人关于另一个人信念的信念。佩尔奈等人采用故事法考察儿童对二级信念的理解情况，研究表明，从时间上看儿童对二级错误信念的理解力比一级错误信念的理解力要晚2年，关于嵌套思维的研究较为一致地支持这一结论。

第二种是卡彭代尔和钱德勒（Carpendale，Chandler）等人的观

〔1〕 Astington, J. W., Jenkins. J. M., "Theory of mind development and social understanding", *Cognition and Emotion*, 1995, (9), pp.151~165.

〔2〕 Holmes, H. A., Miller. S. A., "Across-task comparison of false belief understanding in a head start population", *Journal of Experimental Child Psychology*, 1996, (63), pp.263~285.

〔3〕 Perner, J., Wimmer, H., "'John thinks that Mary thinks that…': Attribution of second order beliefs by 5 to10 year old children", *Journal of Experimental Child Psychology*, 1985, 39 (3), pp.437~471.

点：[1]儿童的心理理论是由复制式心理理论发展到解释性心理理论。据此，钱德勒等研究者认为人们拥有不同信念的原因有两种情况：一种是知觉信息或知觉经验不同；另一种是知觉经验相同，但主体对相同信息进行不同的建构和解释。如果儿童能认识到第一种情况，则说明他们拥有了复制式心理理论，但假如是第二种情况，则说明他们拥有了解释性心理理论。研究者一般采用模糊刺激作为研究工具考察儿童对"人们获得相同知觉信息却可能得出不同的信念"这一现象的认识，并以此作为儿童获得解释性心理理论的主要标志。虽然在年龄界定上研究者们存在着争论，但是他们均已认识到将"认识过程与解释性"作为儿童开始获得解释性心理理论的标志。

第三种是韦尔曼等人的观点：[2]心理理论由包括信念和欲望发展到还包括具有稳定的人格特质。韦尔曼指出，虽然"信念—欲望"思维模式是成年人与儿童可以所共有的基本框架，但是儿童仅从这一框架解释预测行为，而成年人除了这方面之外，还常常需要从人格特质的角度解释行为的原因，成年人的这一模式是建立在更为稳定、持久的心理特质基础之上的。他认为，6岁前儿童的心理理论并不包括特质概念但已有特质概念的萌芽，6岁后儿童才发展起人格特质的概念。他的这一观点得到有关研究工作的支持，如伊尔（Yuill）的相关研究及关于儿童的个人知觉的研究。

3. 儿童欺骗的研究

儿童欺骗行为的研究成为任务模式改变的一个新的趋势，而这方面的研究也成为儿童心理理论研究中的一个特殊领域。但由于刚起步，关于儿童的欺骗行为与心理理论的关系还无法得出明确的结论。目前研究结果主要有：

路易斯（Lewis）等人（1989年）[3]运用了一种所谓"抵制诱

---

〔1〕 Carpendale, J. I., Chandler, M. J., "On the distinction between false belief and subsribing to an interpretive theory of mind", *Child Development*, 1996, (67), pp. 1686~1706.

〔2〕 Wellman, H. M., *The child's theory of mind. Cambridge*, MA: MIT Press, 1990, pp. 1~11.

〔3〕 徐芬、包雪华："儿童'心理理论'及其有关欺骗研究的新进展"，载《心理发展与教育》2000年第2期。

惑情景"研究儿童的欺骗行为并对儿童的非言语行为进行分析后发现：3 岁儿童能够说谎，而且能够隐瞒情绪表现，以此瞒住成人。但 La. Freniere 在研究中运用竞争游戏——"藏与找"，并没有获得相同结果，3 岁儿童大部分不能够说谎达到欺骗他人的目的。

钱德勒等人[1]分析了二者之间存在的差异，认为主要原因是儿童对竞争游戏不熟悉才导致 3 岁儿童难以通过欺骗测试。他们设计了相似的"藏与找"的游戏来证明这一点，但研究结果也出人意料：大多数 2 至 6 岁的儿童都会采用各种欺骗性策略来达到目的。对于钱德勒和 La Freniere 的研究差异，心理学家认为这其实并不矛盾。钱德勒认为即使 2 岁儿童也会欺骗，La Freniere 却认为欺骗只有到 4 岁才能成功，这表明儿童心理技能上的提高，恰恰也证明了儿童心理理论的发展。

虽然钱德勒的研究结果与标准的"心理理论"的研究结果相矛盾，但却引发了后来许多研究者对欺骗与心理理论之间关系的研究，研究结果层出不穷。例如，索迪安（Sodian，1991 年）[2]分别让 3 岁、4 岁、5 岁的儿童参与"藏与找"的木偶游戏。结果表明，3 岁儿童大部分不能完成任务，他们在完成欺骗时有困难，因此索迪安认为 3 岁儿童不能够采用欺骗是由于他们还不能理解他人的错误信念。但是哈拉（Hala）等人[3]的后续研究否认了索迪安的结论，在他们的实验中，75% 的 3 岁儿童顺利地通过了找到财宝的错误信念。这证明，3 岁儿童能够理解欺骗策略。

4. 儿童心理理论的影响因素研究

在研究过程中，研究者发现在通过错误信念任务时，即使年龄相同的儿童也表现出很大的差异，这种差异引起他们的极大好奇与兴趣，从而引发他们研究造成儿童心理理论产生差异的各种内外因

---

〔1〕 Chandler, M., Fritz, Hala, S., "Small scale deceit: Deception as a marker for two-, three-, and four year-olds' early theories of mind", *Child Development*, 1989, (60), pp. 1263~1277.

〔2〕 Sodian, B., "The development of deception in young children", *British Journal of Developmental*, *Psychology*, 1991, (9), pp. 173~188.

〔3〕 Hala, S., Chandler, M., Fritz, A.S., "Fledgling theories mind: Deception as a marker of 3-year-olds' derstanding of false belief", *Child Development*, 1991, (61), pp. 83~97.

素。此类研究大致分为两个方面：

一方面，解释儿童心理理论发展速度的差异。已有的研究都赞同各种早期社会经验的不同是导致儿童获得各种心理概念的年龄产生差异的重要原因，影响速度的具体来说主要包括以下方面：①家庭背景。已有的研究主要集中于儿童心理理论发展水平与儿童兄弟姐妹的数量与关系上。佩尔奈等人[1]的研究结果表明，家庭规模的大小是对儿童错误信念理解产生影响的一个重要变量。另外，有关不同经济地位家庭的研究和跨文化研究表明，家庭经济地位是影响儿童心理理论发展的重要因素，同时父母的职业地位、受教育水平都会影响儿童对情感和错误信念的理解，且存在着正相关，尤其与母亲的相关度更高。②家庭成员的言语交流。邓恩和布朗（Dunn, Brown）等人[2]对50个家庭中的第二胎儿童进行长期纵向研究发现，依据儿童在33个月时同家人交流的主动性、交流情感的次数就能够预测儿童在40和47个月大小时对情感和错误信念的理解程度。马克（Mark, 1998年）[3]的研究也发现，如果父母经常使用心理状态语言来和儿童交流，这有助于儿童对错误信念的理解。③假装游戏。研究和实践都证明，假装游戏对儿童的社会交往能力、认知能力都有着重要意义，家庭中的假装游戏主要发生在儿童与父母兄妹之间。扬布莱德（Youngblade）和邓恩[4]深入研究了假装游戏对促进儿童心理理论发展的作用，发现如果儿童越是经常参与假装游戏，那么他理解他人的情感和信念的能力就越高，两者存在显著相关，而且与兄弟姐妹之间的假装游戏有更高的相关。对于两者之间的关

〔1〕 Perner, J., Ruffman, T., "Theory of mind is contagious: you catch it you're your sibs", *Child Development*, 1994, (65), pp. 1228~1338.

〔2〕 Dunn, J., J., Brown, C., "Young children's understanding of other people's feeling and beliefs: indivisual differences and their an tecedents", *Child Development*, 1991, (62), pp. 1352~1366.

〔3〕 Mark, A., "Met are presentationin action: 3-, 4-, and5-year-child conversations", *Developmental Psychology*, 1998, (34), pp. 491~502.

〔4〕 Youngblade, L. M., J. Dunn, "Individual difference in young children's pretend play with mother and sibling: Links to relationships and understanding of other people's feeling and beliefs", *Child Development*, 1995, (16), pp. 1472~1492.

系，研究者不仅从理论而且从实践两个方面都进行了深入探讨。概括来说，在理论方面，研究者认为不论是心理理论还是假装游戏两者都依赖于对心理表征的理解。在实践方面，研究者认为假装游戏可能是促进心理理论发展的动因，因为很多研究都证实假装游戏同社会理解之间存在着正相关。

另一方面，解释儿童心理理论质的差异。此类研究主要侧重于探讨儿童已有心理能力是否会影响儿童心理理论的发展。与儿童心理理论发展密切相关的心理能力主要有以下四个方面：①语言。语言肯定和心理理论之间存在密切联系，问题是：是心理理论依赖语言还是语言依赖心理理论能力？或者是二者都依赖第三种其它因素？目前还没明确答案。詹金斯和阿斯廷顿[1]对儿童的一般语言能力和错误信念理解之间的关系进行研究，结果发现：儿童的语言能力需要达到一定的水平后才能通过标准测试，但是在达到这一阈限值之后，语言能力与错误信念理解之间的相关就很微弱了。这表明，两者的联系是内在而且持久的。②认知执行功能。卡西迪（Cassidy，1998年）[2]研究发现，在完成假装错误信念任务时，儿童的作业成绩要优于完成标准错误信念任务中的成绩。他认为，造成年幼儿童在标准错误信念任务上失败的可能原因，是由于其大脑控制执行功能不足，不能抑制现实线索并及时做出反应。③社会交往能力。一些研究采用实验室错误信念任务测量儿童的社会理解能力，然后通过问卷调查和自然观察测量儿童的同伴交往技巧及社会情感，结果证实，如果儿童的社会理解能力高，那么他们在进行假装游戏和要求理解他人心理状态的人际交往行为中就会表现出更高的技巧。这表明儿童心理理论的发展和提高会直接促进其社会交往能力的提高。邓赐平等人[3]以57名新入园的儿童为被试，对他们进行短期跟踪

〔1〕 Jenkins, J. W., Astington, J. W., "Cognition factors and family structures associated with theory of mind development in young children", *Development Psychology*, 1996, （1）, pp. 70~78.

〔2〕 Cassidy, K. W., "Preschoolers' Use of Desires to Solve Theory of Mind Problems in a Pretense Context", *Developmental Psychology*, 1998, 34（3）, pp. 503~511.

〔3〕 刘明、邓赐平、桑标："幼儿心理理论与社会行为发展关系的初步研究"，载《心理发展与教育》2002年第2期。

并测查他们的社会行为及心理理论的发展水平，发现不同儿童心理理论的发展水平确实同他们的社会交往水平存在某种密切关系。④记忆力、想象力、注意力。戈登和 Clson（Gordon，Clson，1998 年）[1]分别比较了 3 岁、4 岁、5 岁儿童心理理论任务与双重加工任务的成绩，发现二者之间存在着显著性相关，这表明心理理论的表达和形成之所以成为可能，是基于心理保持能力的持续变化。泰勒和卡尔森（Tayor，Carlson，1997 年）[2]的研究进一步表明，4 岁儿童如果心理理论作业成绩高，那么在实践中他们会表现出更强的想象力，二者存在显著相关。另外，克莱尔和休斯（Claire，Hughes，1998年）[3]等人则研究了注意的灵活性、工作记忆、抑制控制同心理理论思维的关系，发现它们之间也存在着不同程度的相关。

5. 心理理论的个体差异研究

心理理论的个体差异研究主要包括以下三个方面：

第一，特殊儿童心理理论发展的研究。特殊儿童主要包括：自闭症儿童、语言障碍儿童、精神分裂症儿童、聋童、盲童。已有的研究发现，同正常儿童相比，自闭症儿童、精神分裂症儿童普遍存在心理理论的缺乏，而盲童、聋童则表现出明显的心理理论发展缓慢和迟滞。

第二，文化间差异的研究。研究发现不同文化环境下的儿童，他们的心理理论发展既存在相同之处也存在着显著的不同之外。跨文化研究发现，分别在中国文化、西方文化、丛林无文字部落文化环境下长大的儿童，他们在大致相同年龄能够理解核心心理概念，但由于受不同文化教育的影响，他们对心理状态的解释及后果的认识有所不同。如米勒（Miller，1984 年）[4]以美国和印度城市居民

〔1〕 Anne, C. L. G., David, R. O., "The relation between acquisition of a theory of mind and the capacity to hold in mind", *Child Psychology*, 1998, （68）, pp. 70~83.

〔2〕 Taylor, M., Carlson, S. M., "The relation between individual differences in fantasy and theory of mind", *Child Developmen*, 1997, （68）, pp. 435~455.

〔3〕 Claire, H., "Executive function in preschoolers: Link with theory of mind and verbal ability", *British Journal of Development Psychology*, 1998, （16）, pp. 233~253.

〔4〕 Miller, P. H, "Children's reasoning about the causes of human behaviour", *Journal of Experimental Child Psychology*, 1985, （39）, pp. 343~362.

儿童为被试，让他们解释各种行为时，结果发现在两种不同文化环境下，低于8岁的儿童对他人情绪的理解是差不多的，但是年龄越大，他们对他人情绪的理解越不一样，表现出了明显的文化差异。

第三，种间差异的研究。在生物种间差异上，其他的灵长类动物有没有心理理论、在多大程度上拥有心理理论还是一个悬而未决的问题。早在1988年，伯恩和怀滕（Byrne，Whiten）[1]的观察就表明黑猩猩可能拥有一些心理概念；波维内丽和埃迪（Povinelli，Eddy，1996年)[2]通过实验证明黑猩猩的"看见"概念不是心理上的，而是行为上的；艾德尔森和米切尔（Aderson，Mirchell，1999年）研究了狐猴和猕猴的视觉能力，发现后者有联合视觉定向能力，这对以视觉定向为基础的高级能力的起源的研究有重要意义。对其他灵长类动物心理理论的研究目前没有太大的进展。

6. 心理理论神经机制的探讨

为揭开心理理论发展的本质及其在文化间和种间的相似与差异，研究者从脑成像和脑损伤等角度对其神经机制进行了研究。西戈（Siegal）等[3]发现心理理论可能涉及语言系统、额叶、颞顶皮层和杏仁核等几个神经系统。一些发展心理学家认为幼儿在错误信念和其他一些心理理论任务上失败可能是由其执行功能的局限所导致。例如，不能抑制优势，能够迅速反应的原因可能在于儿童受饼干盒醒目的真实的内容限制，从而在问其他小朋友看见时认为里面装的是什么，便迅速大声说出来。

另外一些是关于语言发展与心理理论的研究。研究者设想语言能力在帮助心理理论发展方面扮演着多种角色。但是语言的表征和心理理论的表征之间是一种什么关系，语言仅是心理理论表征的一种媒介和工具，还是心理理论表征中一种必不可少的成分？对这个

〔1〕 Byrne, R., Whiten, A. *Machiavellian Intelligence*: *Social Expertise and the Evolution of Intellect in Monkeys, Apes, and Humans.* New York: Oxford University Press, 1988, pp. 12~17.

〔2〕 Povinelli, D. J., Eddy, "T. J. What Young Chimpanzees Know about Seeing", *Monograph of the Society for Research in Child Development*, 1996, (3), pp. 7~8.

〔3〕 Siegal, M., Varley, "R. Neural systems involved in 'theory of mind' ", *Nature Reviews Neuroscience*, 2002, (3), pp. 463~471.

问题还没有确切的回答。西戈[1]认为心理对态度的表征既可以有依赖语言的表征，又可以有独立于语言的表征。那么什么情况下这种表征不需要语言，以及这种表征状态是怎样形成的，这些问题都还有待进一步研究。

斯特斯（Stuss）等[2]以大脑不同区域受损的病人为研究对象，来探讨执行功能与心理理论的关系。结果显示额叶损伤病人、特别是右边受损的病人，在心理理论任务上显得相当困难。其他神经心理学调查发现影响眼窝前额回路的额叶损伤和心理理论任务的失败之间存在着一种联系。还有许多脑成像研究证明了中央前额结构在心理理论推理中具有双向活化作用。许多神经机制的研究表明，特定的心理理论任务的成绩受一个广泛分布的神经系统影响，该神经系统的功能成分有助于推测心理状态，但是心理理论的核心则是一个存在于特定区域的、专门的系统。

（五）国外儿童心理理论研究存在的问题及展望

目前，国外的"心理理论"研究逐步深入，在取得一些阶段性成果的同时，也仍然存在很多不尽如人意的地方。比如一些关于心理理论的基本问题也未能得到令人满意的答案，争议颇多，不同的研究结果互相矛盾，理论也十分零散，未成体系。而且，心理理论体系中有许多还没有或很少涉及的领域有待进一步研究，尤其是应在以下几个方面进一步拓展：

第一，拓展心理理论的研究对象，把目前的研究对象从儿童拓展到成人、老人。这不仅对解释知识丰富的成人心理理论问题有着重要的意义，体现心理理论研究的终身化趋势（Flavell，Miller，1998 年）[3]，更重要的是它对心理理论的研究范式、理论解释、内

---

[1] Siegal, G., "Representing representations", In P. Carruthers and J. Boucher (eds), *Language and thought: Interdisciplinary themes.* Cambridge: Cambridge University Press, 1998, pp. 146~161.

[2] Stuss, D. T., Gallup, G. G., Alexander, M. P., "The frontal lobes are necessary for 'theory of mind'", *Brain*, 2001, (124), pp. 279~286.

[3] Flavell, J. H., Miller, "P. H. Social Cognition", In: Kuhn, D. &Siegler, R. S. (eds), *Handbook of Child Psychology* (5 *th ed.*, *Vol.* 2): *Cognition*, *Perception*, *and Language*, 1998, pp. 851~898.

在机制等方面都提出了严峻的挑战。拓展心理理论的研究对象就需要回答以下一系列问题，如：儿童的研究范式是否适用于成人？成人的研究范式与儿童的研究范式的内在联系是什么？心理理论的终身发展轨迹和内在机制是什么？如何解释成人与儿童的心理理论的差别及二者的内在关系？

第二，拓展心理理论的研究范畴。心理理论涉及一个复杂的知识系统，不仅要从整体的角度研究与它相关的各种因素，而且要深入研究心理理论内部结构各组成要素的机制、相互关系及其与心理理论外的因素的作用机制。同时，还要加强心理理论的应用研究，这应是理论研究的落脚点，而在目前已有的研究中将研究成果用于实践的还只是一少部分。

第三，开辟心理理论研究的新视角。譬如能否找到一个适用于各种年龄的研究范式？能否考虑内隐社会认知在心理理论中的位置、关系？等等。

第四，重视心理理论的神经生理机制的研究。这几乎是一个永远没有尽头的领域。

二、国内研究综述

在国内，自从方富熹、熊哲宏、林崇德、陈英和、邓赐平、桑标、陈友庆等学者对儿童心理理论进行引介和研究之后，越来越多的人开始涉足这一领域，检验和介绍儿童形成心理理论的机制和影响这种心理假设理论形成的因素，研究成果层出不穷。国内关于儿童心理理论的研究主要围绕两个方面展开：一是以理论假设的形式探索儿童心理理论的机制，二是研究影响心理理论形成的各种外部和内部因素。但是到目前为止，还没有人综合地审视国内关于这方面的研究进展。下面，根据对国内学者在国内公开杂志上发表的关于儿童心理理论研究的学术论文试对国内学者在儿童心理理论领域所做的研究做一个全面地调查与分析。

（一）国内儿童心理理论研究的现状

对国内学者关于儿童心理理论研究的调查与分析主要想回答这几个问题：国内学者关于儿童心理理论的研究的总体情况如何？有

哪些优点可进一步发扬？又有哪些不足需要改正？通过在中国期刊全文数据库上自动搜索和手工查询相结合的方式，查到国内 30 年来（1979—2016 年）在国内公开杂志上发表的关于儿童心理理论研究的学术论文共 181 篇（不包括硕士、博士学位论文）。它们的具体分类如下表 1-2：

表 1-2　国内有关儿童心理理论研究的信息

研究类型	理论研究						实证研究				
	引介绍性研究					个人思辨探讨					
文章数量	理论论	模拟论	模块论	其它理论	综合理论	影响因素	任务因素	家庭因素	儿童自身因素	社会因素	其他
	4	3	2	10	56	34	19	9	14	16	8	6

表 1-2 显示，国内对儿童心理理论的研究大体可分为理论研究、实证研究，而理论研究又可分为引介性研究和个人思辨性的探讨。从表中可以看出，国内对心理理论的以理论研究为主，占到了全部研究论文的 71%，而实证研究只占 29%。在理论研究的论文中，引介性的研究分别各有 4 篇、3 篇、2 篇文章专门评述了心理理论中三大理论——"理论论""模拟论""模块论"的理论基础和理论的发展情况。除此之外，绝大多数的文章都综合介绍心理理论的发展情况（56 篇）和影响儿童心理理论发展的因素（34 篇）。在影响因素的介绍方面，评述儿童自身因素对儿童心理理论影响的研究发展为最多（14 篇），这些文章介绍了儿童在年龄、性别、种族、语言、执行功能等因素差异方面心理理论的发展的不同及原因探讨。另外有 9 篇文章介绍任务因素对儿童心理理论的研究，这些文章介绍了心理理论的实验任务（如意外地点任务、意外内容任务、外表—事

实区分任务等）及其研究方向；还有 8 篇介绍影响儿童心理理论的社会因素，其中的 5 篇介绍同伴接纳以及其他的家庭因素对心理理论影响的研究状况，3 篇介绍儿童游戏方面的研究及其对儿童心理理论发展的影响，另外有 3 篇文章综合任务、社会和儿童自身等多方面因素，探索它们和儿童心理理论发展的相关性。

在 53 篇实证性研究论文中，1 篇是报告对儿童心理理论两成分认知模型假设的验证，52 篇报告了影响儿童心理理论的因素。在 52 篇研究影响儿童心理理论的因素的论文中，研究任务因素对儿童心理理论影响的报告有 9 篇，学者们运用各种实验任务（如意外地点任务、意外内容任务、外表—事实区分任务等）探察儿童心理理论能力发展的规律；有 8 篇报告研究社会因素与儿童心理理论发展的关系，它们探察了同伴间的接纳方式、类型和程度、同伴或/和幼儿的游戏及交往方式对心理理论发展的影响；有 14 篇文章介绍家庭因素尤其是长辈间的对话方式游戏方式和类型、父母的教养方式等对儿童心理理论发展的影响；还有 16 篇报告研究儿童自身因素与心理理论发展的关系，它们探讨了如年龄、性别、气质、记忆、智力、情绪、意志力等方面对心理理论发展的影响；最后，有 5 篇报告综合任务、社会和儿童自身等多方面因素，探索它们和儿童心理理论发展的相关性。

至此，可以对国内关于儿童心理理论的研究现状作一个小结：目前的研究主要是关于引介的文章比较多，综合性理论研究较多，探讨影响心理理论发展的单因素分析的实证性的报告相对较多，而多因素分析较少，而且在研究方法上多沿袭了国外的模式。

（二）国内研究的优点和不足

从前面对国内研究的归类分析和总结中发现，国内个人经验式思辨性的文章已有 19 篇，这说明这一领域内的绝大多数研究者已经意识到无实证证据、无基本理论支持的浅谈式的简单思辨已经不能登大雅之堂，这是目前国内研究的可喜现象，说明研究者们已经具备基本的思想理论素质，这是优点之一；优点之二，国内同行已经开始运用从国外引进的方法对中国儿童的心理理论发展进行实证性的研究，已经逐步和国际的研究接轨。但是，从表 1-2 的信息中，可以发现国内的研究还有诸多需要提高的地方。从大的方面看，就是引介的文章居多，实证的报告少，深入探讨的纯理论的研究和综合性的理论概括更是近乎空白。

下面再分析一下学者对国内学者关于国外儿童心理理论引介绍性研究的情况，见下表1-3：

表1-3　国外儿童心理理论引介绍性研究的情况汇总

提供信息类型	指出研究的不足	指出研究的方向	同时指出研究的不足和研究的方向	对同一理论重复介绍					
				理论论	模拟论	模块论	其他理论		
							匹配论	社会文化结构论	综合理论
文章数量	9	7	5	4	3	2	3	4	36

从表1-3的信息中可以看出，在引介的73篇文章中，流水账式的，重复介绍同一理论的情况较多，只有9篇和7篇分别指出所评述的研究不足和指出研究方向，指出了已有研究的不足又指出了进一步研究方向的也只有5篇。这显示目前的对国外研究的介绍引进大多数只停留在泛泛的流水账式记录的层面上。严格说来这样的综述是不合格的，没有归纳总结的文献综述价值不大。还有一个问题是重复劳动多，浪费现象严重，有16篇文章都重复综合介绍关于理论论、模拟论、模块论、匹配论和社会文化结构论的发展形成经过，有多达36篇文章不仅同时评述了三个或更多的理论，而且同时介绍各种相关影响因素的研究，每一种因素的研究只有一两段话语的说明。在这样的文章中同时评价好几种理论，是很难进行深入的介绍的，与其面面俱到，只涉及皮毛，还不如集中介绍一种理论，把正反各方的观点都摆出来，这样有利于我们自己找到新的研究切入点。

表1-4 国内心理理论实证研究报告提供的信度与效度信息

信息类型	质的研究	量的研究	质、量结合的研究	提供信度证据	提供效度证据
文章数量	1	16	2	6	8

表1-4显示，在53篇实证研究中只有6篇报告对其使用的等距量表提供了内部一致的信度和评分者信度的证据，只占所有实证研究的11.3%；有8篇报告用因素分析的方法提供了使用数据的效度证据，只占所有实证研究的15.1%。在任何的实证研究中，一旦涉及对研究工具的设计和数据的收集，都需要说明数据的信度和使用数据的效度证据。在量的研究中，比较容易评估数据的统计信度证据，但却比较难以提供统计效度证据。这时候，就需要从逻辑上清楚说明所要测量的概念的理论和操作定义。当研究数据可能受到效度威胁时，还需要采用一些办法来进行弥补。

当研究使用质的手段，以观察、访谈等方式收集数据时，就必然涉及对数据的归纳、总结，这往往受到研究者自身的主观判断的影响，这时就需要研究者采取一定的办法保证数据归纳的信度。可以用不同评估员来对数据进行处理，也可以是同一个评估员在不同时间段内对数据进行归纳分析，这就是评估员间和评估员内的信度证据。但遗憾的是，国内所有关于儿童心理理论的实证研究中，几乎没有采取任何办法来保证自己收集到的数据具有一定的有效性和稳定性，这就有可能使得基于数据的解释可能没有任何价值，虽然在整个研究中付出了极其辛苦的劳动。国内关于儿童心理理论实证研究的另一个不足是，少有学者致力于为中国儿童的心理理论发展和影响因素提出具有理论高度的假设或解释。这可能和目前的研究现状有关，大家似乎都忙于介绍、吸收国外的理论。但是，有一点不能忘记的是，吸收别人理论的最终目的是为了形成我们自己的理论，如果没有能够做到这一点，所做的研究就缺乏创新性，也不能将研究成果应用于现实。

（三）国内进一步深化儿童心理理论研究的应对策略

通过以上对于国内关于儿童心理理论研究的调查与分析，可以窥探国内这一领域的研究有可取的一面也有不足的地方。发现问题的目的是为了解决问题，笔者认为国内进一步深化心理理论的研究，应注意以下两点：

首先，切实地去研究儿童心理理论的性质。

第一，研究者需要进一步思考儿童心理理论的本质。对这样的定义——儿童的心理理论就是儿童对他人和自身的心理状态的认识——可能没有很大异议。可是，这个定义显然对规范的实证研究没有起到相应的帮助。如何通过一定的现象去探察儿童的心理理论就成为需要思考的问题。国外的有些研究者从儿童的语言入手，观察他们在游戏中的互动模式、撒谎的类型、平常使用语言的方式等，进而探察他们的心理理论，这不妨是有效的办法，但是如何对这样的语言进行分类编码，如何以适当的手段获得足够的真实可靠的数据却是我们需要研究的问题，因为它与了解儿童心理理论的本质是有密切关系的。

第二，了解儿童的心理理论不仅仅是了解心理理论的定义而已，同时更重要的是要了解用以解释心理理论的各种假设和影响儿童心理理论发展的各种复杂因素。比如我国所特有的家庭教养方式、社会文化、计划生育政策都是影响心理理论的发展的因素。对不同文化背景、民族、地区的心理理论研究也应是今后该领域需要深入探讨的内容。对少数民族儿童的心理理论研究表明，掌握两种语言的儿童要比只掌握一种语言的儿童心理理论能力要高，因此一般认为，接触多元文化或语言对心理理论的提高有帮助。

心理理论的理论假设和影响心理理论发展的因素具体内容见表1-5：

表1-5　心理理论的理论假设和影响心理理论发展的因素

理论假设	影响因素										
	外部因素		儿童自身因素								
理论论、模拟论、模块论等	家庭内部环境	家庭外部环境	性别	年龄	语言	执行功能	记忆	气质	智力	情绪	其他因素

从表 1-5 中可以看出，影响心理理论发展的因素可大体分为外部因素和内部因素（儿童自身因素），非常复杂。可以这么说，任何研究都没有把握以"影响儿童心理理论发展因素"为题进行中小型的研究，因为仅是以社会因素下的家庭内部环境为对象就包括了诸如家庭规模、父母的教养方式、家庭交流模式、与长辈间的游戏方式和类型、与兄弟姐妹的交流模式等小因素。可以毫不夸张地说，以这其中任何一个小因素为研究项目都需要研究者互相协作才能完成。可以说，对儿童心理理论的研究不是一代人中的某一个或几个研究者的课题，而应是几代研究者穷其毕生精力去探索的课题。我们可以在充分占有资料的基础上，把自己研究放在小范围来做，把问题说清说透。比如中西方家庭中亲子交流的方式是不同的，西方文化强调自由的表达个人的观点，而中国文化强调表达时要兼顾别人的感受和观点。自由的表达方式突出了自我与他人的不同，而兼顾的表达方式容易削弱自我主体意识，这是导致中国儿童对错误信念的理解晚于西方儿童的一个原因。所以，家长和教师要积极鼓励孩子自由平等的表达自己的想法以促进心理理论的发展。

第三，儿童心理理论的发展看似一个自发的过程，其实它有需要人们去进一步探索的各种条件。这在西方已经有比较多的研究，可是在国内还很少。在外国，人们通过对特殊人群如聋哑儿童、语言障碍儿童、自闭症儿童的研究，发现了阻碍心理理论发展的条件，从而得出培养儿童心理理论的一些途径。这对我们国内的研究者应该很有启发，我们在介绍引进的同时，还应该思考在中国文化的大背景下如何促进儿童心理理论的发展。

其次，加强对研究方法的学习和应用。

对儿童心理理论的研究一方面可以进行纯理论的研究，但更重要的是对其进行实证性的探索。以上对国内已有的实证研究的调查分析显示研究者们并没有充分掌握实证研究的具体操作程序。当然，我们可以直接借用现成的工具来收集数据，还可以请相关的专业人员帮助进行一定的统计分析，但是如果我们不知道实证研究的基本程序，不知道相关的基本理论和对理论进行操作化的方法和基本的保证工具信度和效度的方法和步骤，那么我们所使用的工具和基于工具进行的统计推断便没有意义。因此，我们需要静下心来，认真吸收前人关于实证研究操作方法的成果，只有这样才能保证研究的步骤环环相扣、相互印证，保证研究的价值。

掌握了实证研究的方法，就要求进行实际的实践研究。我们知道，中西方文化有很大不同，西方儿童心理理论的发展过程和中国儿童心理理论的发展过程有很大差异，西方学者关于儿童心理理论的假设在何种程度上支持中国儿童心理理论的发展，他们用于研究儿童心理理论的方法在多大程度可用于研究中国儿童的心理理论等，都是需要研究的问题。我们不应该照搬别人的理论和方法，而是应该在借鉴的基础上作一定的修正，以适合自己的实际情况。

最后，测量儿童的心理理论指标有不同的方法，如意外地点任务、意外内容任务、外表—事实区分任务等，在使用这些任务进行测量时的任务一致性如何，在特定的测量中，某一种任务是如何反映任务的特异性等问题，国内虽然有一些研究，但还远远不够。研究者需要改变实验条件，设计出更科学的方案。

第三节　研究的主要内容、贡献与不足

一、研究的主要内容

本书研究本着客观性、系统性和发展性原则，对儿童心理理论进行了全面梳理与总结。本书研究共包括以下八部分：

第一部分是绪论部分，本部分是内容综述。在本部分将介绍的书研究的理论与实践意义、本书的国内外研究现状、本书研究的主要内容、研究的贡献与不足。

第二部分是心理理论研究的源起与概念界定，在本部分将从概念分析的视角对心理理论研究的源起及发展进行梳理，并对这一概念的不同界定进行分析比较。

第三部分是心理理论与其他理论的关系。每种理论的提出都有其相关的理论背景。本部分将分别介绍常识心理学、进化心理学、认知建构论、文化心理学视野下的心理理论，尤其重点分析这几种理论对心理理论研究的启示、促进与影响。

第四部分是心理理论的模型理论研究。在实际研究中，如何解释儿童心理理论的这些变化成为研究的焦点，心理学家们围绕儿童心理理论的产生方式，提出了几种不同的理论模型来解释儿童心理理论的产生与发展。本部分将分析理论论、模仿论、建构论、匹配论、社会建构论、文化决定论等对儿童心理理论发展的不同解释，并分析这些不同理论模型之间的区别与联系。

第五部分是儿童心理理论的发展机制研究。在本部分首先探讨了关于儿童心理理论发展的四个基本问题：儿童心理理论的发展是人类独有还是与其它物种共有？是建构还是天赋？是特殊领域还是普遍领域？是社会知觉成分还是社会认知成分？最后分析了心理理论的表征机制的发展。

第六部分是回顾与展望自儿童心理理论提出以来，对这一课题进行研究的研究范式与主要的研究领域。心理理论的研究根据研究任务的不同有不同的研究范式，研究心理理论的研究范式主要有两类：一类主要是用于探测儿童的错误信念发展的，另一类主要是用于探测儿童理解其他心理状态的。这一课题的研究领域可分为普通应用领域与特殊应用领域。普通应用领域的研究主要包括关于儿童同伴接纳、欺骗、情绪理解的研究；特殊应用领域主要包括对自闭症、聋儿、听力障碍儿童等的心理理论的研究。

第七部分是影响儿童心理理论发展的因素研究。影响儿童心理理论发展的因素可分为内部因素和外部因素。内部因素包括语言、执行功能、神经生理因素；外部因素包括家庭、同伴交往及社会文化。本部分将分析这些因素对儿童心理理论的影响及其对教育的启示。

第八部分是深化与拓展，即心理理论的发展趋势研究。在本部分分析了心理理论研究存在的问题、深化心理理论研究的思路及对心理理论未来发展的展望。

二、研究的贡献与不足

（一）贡献

虽然对心理理论的研究在全世界已经开展了 30 多年，国内外的研究者们从不同的角度采用各种各样的方法来探讨儿童心理理论发展的各个方面，在各种不同学术刊物上发表的文章数以千计。但是各种研究往往都是从某一方面对儿童心理理论进行研究，各种研究之间彼此独立，难以互相支持与验证。而且，关于儿童心理理论的研究大多是理论性的，且每个研究涉及的问题非常具体，因此，对儿童心理理论的研究进行全面概括和总结就非常有必要。

该研究系统介绍了儿童心理理论的研究源起及概念界定；主要的相关理论；实验范式及其存在的争议；儿童心理理论的理论模型；概括阐述自儿童心理理论发展以来的几个重要研究方向和研究结果；并在此基础上预测心理理论的发展动向和新趋势，以期对儿童心理理论发展研究有一个全面的了解。

本书研究有三个重要特点：第一，内容全。关于心理理论研究的主要问题及进展，在书中都有所介绍和分析，这包含了理论进展和实证研究的进展。第二，资料新。本书参考了大量的国内外最新文献，并运用全新的见解评价了各种理论、方法和研究内容。第三，可操作性强。本书除了全面介绍心理理论的研究状况外，还有一个更重要的目的就是促进和提高广大心理学、教育学、社会学工作者对心理理论的研究，为此着重介绍了心理理论的主要研究领域及相关成果、具体实验方法和步骤，使读者可从中了解到该领域的一般研究方法。因此，该书体现了很高的理论价值和应用价值。

（二）不足

作为一项对心理理论进系统理论研究的著作，本书研究存在的欠缺和不足之处肯定很多。而且，由于儿童心理理论的研究目前正处于非常活跃的发展之中，新的理论、新的方法不断产生，因此，本书的研究也只是一个阶段性的梳理和总结。综观全文最觉遗憾的有两点：一方面，如果能用数理统计方法对心理理论的一些问题进行实验验证，那将更具有说服力；另一方面，目前，在我国国内，尤其是港台地区本土化心理理论研究已经蔚然成风，成果丰硕，但由于本书框架的限制，这一部分的成果没有被吸收进来，也只好留待进一步的研究中再继续充实。

第二章

心理理论研究的源起与概念界定

第一节　心理建构思想的哲学演进

一、心象说源头

古希腊哲学家为心象的研究与讨论设定了前提。柏拉图（Plato）的思想被认为是认识论的开端。他开始思考感官和理性在获得知识的过程中所起的作用，以及知识同信念的关系。虽然认识论不等于心理学，但是早期的认识论为心理学提供了丰富的滋养。柏拉图谈到艺术家在灵魂中绘画，而且认为认知可能类似于蜡上的印记，我们的直觉和思维印刻在上面，造成印象。亚里士多德（Aristotle）支持这个蜡刻模型，而且描述印象如一种图片。亚里士多德是第一个系统地对认知现象进行论述的理论家，而且他在认知中给予心象一个中心的角色。他主张灵魂从不存在无心象的思考，而且认为语言的表征功能起源于心象，口语是内部心象的表征。

培根（Bacon）提出知识的真正起源是经验，把重实验、重经验事实的归纳法作为获取知识的唯一可靠方法。而笛卡尔（Descartes）则提出"我思故我在"的著名命题，要求从"清楚、明晰"的原理出发，用演绎的方法推出一切知识来，而这种"清楚、明晰"的原理又从哪儿来的呢？笛卡尔提出了"天赋观念"，即是把知识的来源归于"先天理性"。后来，洛克（Locke）把培根的经验论发展为感觉论，认为一切知识起源于感觉。他说："心灵像我们所说的那样，是一块白板，上面没有任何记号，没有任何观念。心灵是怎样得到那些观念的呢？……我用一句话来回答，是从经验得来。"〔1〕唯理论者莱布尼茨（Leibniz）则针对洛克"凡是存在于知性中的，没有不是先存在于感觉中的"名言进行反驳，认为应该补充一句，即理性本身除外。他认为，只有理性才能提供具有普遍必然性的"推理真理"，而像客体、因果等逻辑范畴决不能在感性经验中获得，它们来源于先天理知中潜在的天赋观念和自明原则，外界对象只不过起一种"唤醒"作用而已。到了休谟（Hume）则和上述两大派都不同，他明确把认识问题归结为"使我们相信各种事实的那种证明，究竟有什么本性"的问题。为了回答这个问题，他认为"必须研究，我们如何得到因果的知识"。〔2〕他不但驳斥唯理论者笛卡尔、莱布尼茨，指出因果关系的知识在任何例证下都不是由先验的推论得出来的，而且也驳斥了经验论者洛克，指出对因果关系的知识也不是凭借于经验的推论得出来的，因为经验的推理必定会导致"来回转圈"，人们的认识仅仅是由经验习惯和联想构成的。至于我们所认识的所谓的事物的关系和联系，他认为并没有客观性。是什么力量使事物相继出现，又使我们的观念不断地产生，他认为是不可知的。对于休谟的这种彻底的怀疑论和不可知论，人们已经做出了许多批判，毋庸赘言。但是，休谟提出了如何使杂乱无章的感觉印象形成具有一定秩序的规则，从而构成认识的问题则是值得注意的。他认为知觉活动的重复使形式的东西在人的意识中凝结、固定，从而成为因果关系的起源。这种从知觉活动出发引出逻辑范畴，并求助于心理学来解决问题的观点，过去很少被人们所重视，然而，休谟正是在这里朦胧地提出了一个认识构架的问题，这在认识论中是一个很有价值的探索。

二、康德的认识构架

德国古典哲学的创始人康德（Kant）明确地提出了认识构架的

〔1〕 北京大学哲学系外国哲学史教研室编译：《十六—十八世纪西欧各国哲学》，商务印书馆 1975 年版，第 366 页。

〔2〕 [英] 休谟：《人类理解研究》，关文运译，商务印书馆 1957 年版，第 27~28 页。

问题，并做了较深入的探索。康德总结了前人在认识起源问题上所取得的成果。一方面，他强调感性经验是人的认识的根本材料以区别于唯理论；另一方面，他又强调先验的知觉形式和知性范畴是人的认识的必要因素以区别于经验论。他将知性与感性看成是平行独立互不相关的两种能力：知性是心灵从自身产生表象的能力，它不能直观；感性是心灵被刺激而接受表象的能力，它不能思维。只有感性和知性"联合"才产生知识，而这种"联合"是知性对感性的规范、组织和构造，即综合统一直观提供的感性材料，将它们组织到逻辑形式的概念系统中去，这样才会产生知识。于是，这里就突显了一个问题：把直观归摄到那些概念之下、因而把范畴应用于现象之上是如何实现的呢？康德回答说："必须有一个第三者，它一方面必须与范畴同质，另一方面与现象同质，并使前者应用于后者之上成为可能。这个中介的表象必须是纯粹的（没有任何经验性的东西），但却一方面是知性的，另一方面是感性的。这样一种表象就是先验的构架。"[1]

康德所说的"先验构架"究竟是什么呢？它不是具体的感性形象或意象，而是一种指向概念的抽象的感性；它又不等于概念，而是图式化、感性化的概念性的东西。在他看来，构架是想象的产物，但是在产生构架时，想象并不是要把一个个体的直观形象呈现在我们的面前，而是要在感性的一般确定中产生统一性。意象是特殊的、具体的感性形象，构架则是更为抽象的感性结构，概念的基础不是意象，而是构架。总之，构架既不是经验的概念，也不是事物的形象，而是一种概念性的感性结构方式、结构功能或结构原则。它在认识中不是被动接受的某种形象，而是主动构造的某种规则，成为知性与感性交叉的焦点，成为人们认识外界现象的"窗口"。[2]对于"构架"，康德晚年再次作了简要的说明，他说："如果没有任何中介的话把一个经验概念置于一个范畴下，似乎是内容上不同种类

〔1〕　［德］康德：《纯粹理性批判》，邓晓芒译，人民出版社2004年版，第51页。
〔2〕　李泽厚：《批判哲学的批判——康德述评》，人民出版社1979年版，第123~124页。

东西的从属，这在逻辑上是矛盾的。然而，如果有一个中介概念，就可能把一个经验概念置于知性纯粹概念之下，这就是由主体内感觉表象综合出某物概念，作为这样的表象，与时间条件相一致，表现出是依照一个普遍规律先天综合出来的某物。它们所表现的与综合一般的概念（即任一范畴）同类，从而依照它的综合统一就可能把现象从属在知性纯粹概念之下。我们把这种从属叫做构架。"[1]然而这种认识构架究竟从何而来呢？康德认为，它来自一种先验的"创造想象力"的综合活动。这种"创造想象力"就是将直观杂多统一为经验对象的知性的主动活动或功能，正是这种"创造想象力"提供规划和计划，产生"构架"，而所谓构架化的范畴则是这种想象的结果。康德本人也意识到他不可能对这种"创造想象力"作出精确的科学说明，只能含糊其辞地认为这是"在人类心灵深处隐藏着的一种技艺，它的真实操作方式我们任何时候都是很难从大自然那里猜测到、并将其毫无遮蔽地展示在眼前的"[2]。实际上，康德最后只好把人们的知性能够通过构架认识感性对象，归结为主体所谓"先验统觉"的"自我意识"，这就从二元论滑向了主观唯心主义。尽管如此，康德继承休谟，把认识起源问题归结为由于人们的心理活动、创造想象而形成的一种认识构架，并通过构架使范畴通向感性而获得客观现实性的问题，这在认识论的发展史上确实具有深远的意义。

三、皮亚杰的认知建构论

20世纪，自然科学高歌猛进，重大的科学成果层出不穷。特别是包括大脑在内的神经生理学、生物科学、信息科学等都得到了长足的进步，为解决认识起源问题提供了坚实的科学基础。特别是在20世纪下半叶，瑞士心理学家皮亚杰及以他为代表的日内瓦学派所创立的"发生认识论"以及"儿童心理学"，对认识构架问题的研究取得了一系列成果，对解决儿童个体的认识起源问题作出了重大

---

〔1〕 参见康德1797年12月11日给梯夫屈克的信。

〔2〕 ［德］康德：《纯粹理性批判》，邓晓芒译，人民出版社2004年版，第138~141页。

贡献。

首先,皮亚杰明确提出认识论的研究必须以心理学为基础和出发点。皮亚杰尖锐地批评了英国和美国的认识论哲学领域中居于支配地位的哲学家们,认为其研究观点都是从逻辑分析与语言分析出发,而不是从心理学分析出发的。他认为,要研究认识发生问题,"关于认识的发展心理学是不可少的",必须"关心……概念与运演在心理上发展,也就是概念与运演的心理发生"[1]。因此,皮亚杰采取了与过去传统认识论完全不同的研究方法和程序。一是他从生物学方面作为切入点来考察认识问题,因为"心理发生只有在它的机体根源被揭露以后才能为人所理解",把认识的发生建立在"个体组织环境和适应环境这两种活动的相互作用过程"的基础上。[2]二是他运用了"临床法"这种综合性的实验测试方法,对儿童智力在各个年龄阶段的发生发展,从个体认识的起源一直追踪到科学思维的发展过程进行深入而全面的实验研究,揭示了"人的认识的每一个结构都是心理发生的结果,而心理发生就是从一个较初级的结构转化为一个不那么初级的(或复杂的)结构"[3]。三是他运用逻辑和数学的概念来分析说明人的思维发展过程,用符号逻辑作为工具,对实验材料作了结构性的分析,并提出相应的结构模型,从而使认识论的研究植入现代科学理论和方法,大大提高了研究成果的科学性和可信度。皮亚杰的这些研究思想和方法突破了传统哲学认识论的束缚,独辟蹊径,从一个崭新的角度来探讨认识论,特别是个体认识的起源和发生问题,从而取得了创新性的成果。

其次,皮亚杰对认识构架的内容和形式作出了创造性的科学分析和说明。认识起源于什么呢?皮亚杰认为:"一方面认识既不是起因于一个自我意识的主体,也不是起因于业已形成的(从主体的角

〔1〕[瑞士]皮亚杰:《发生认识论原理》,王宪钿等译,商务印书馆1997年版,第12~13页。

〔2〕[瑞士]皮亚杰:《发生认识论原理》,王宪钿等译,商务印书馆1997年版,第2页。

〔3〕[瑞士]皮亚杰:《发生认识论原理》,王宪钿等译,商务印书馆1997年版,第15页。

度来看）会把自己烙印在主体之上的客体，认识起因于主客体之间的相互作用。"[1]这种作为主体和客体中介物的"相互作用"并不是知觉，而是"活动"本身，知觉虽然也起着重要的作用，但是知觉本身也是"部分地依赖于活动"的。"所以，我们的研究要从活动开始。"[2]这种"活动"并不是行为主义者所说的一种刺激反应，而是个体原来具有的一种"构架"来同化这个刺激。这样，皮亚杰又重新把认识起源问题与人的认识构架紧密联系起来了。

皮亚杰的上述成果，把认识构架的研究奠定在心理科学的基础上，他的发生认识论体系对于哲学家和心理学家进一步研究认识构架和认识的起源与发展问题，有重大的启发意义：

第一，从心理学的角度上说明了认识并不是像旧唯物主义所理解的那样，是一种从感觉、知觉到概念的循序渐进式的直线式的简单过程，并不是那种被动的、静止的、镜子式的反映。实际上，从儿童开始，认识之所以可能都是由于有了一个在活动中形成的、并能把外界刺激同化于自身，从而产生各种概念的结构形式构架的存在。由于构架总处于不断的建构过程中，所以通过信息的反馈，主体不但可以把外界刺激同化于正在或已经形成的构架之内，而且还可以通过调节使构架内部的结构改变，从而认识过去所不能认识的事物或者改变过去对事物的认识，使人的认识能力不断适应外界环境的变化。人的实践活动是永不停止的，构架的这种建构过程也是永远不会停留在一个水平上。从而，就人的认识本性来说，它的能力也是无限的。认识构架的这种同化与调节的平衡过程，就是认识论的所谓"适应"，这是人的智力的本质。认识构架的这些特性，深刻地表现了人类认识活动的目的性和能动性。

第二，更为重要的是，个体认识构架产生的源泉是主、客体之间的相互作用。主体为了认识客体，就必须对客体施加动作或转化客体。皮亚杰认为，相互作用包含着两个方面的内容：一是动作运

---

[1] [瑞士]皮亚杰：《发生认识论原理》，王宪钿等译，商务印书馆1997年版，第21页。

[2] [瑞士]皮亚杰：《发生认识论原理》，王宪钿等译，商务印书馆1997年版，第22页。

演之间的协调，二是客体之间的联系。当然，客体之间的联系是不以主体为转移的，具有客观的必然性，但是从主体对客体认识的这个角度来说，后者则是从属于前者的，因为只有通过动作运演，客体之间的联系才能反映到人的思想中来。如果不通过动作来同客体发生关系，主体关于客体的认识就无从谈起。

第三，认识构架并不是静止的、固定不变的图式，而是在人的活动中不断构建着和改变着的动态结构，这是一个自我调节、自我组织的反馈系统。而认识构架之所以可以不断自我调节，这是由于在认识和实践中，主体具有一个通过反馈达到平衡的途径。皮亚杰把认识构架看成是一个不断调节的动态结构，这就从认识发生的角度上一方面说明了人的认识（包括各种数理逻辑结构）具有客观性、普遍性的原因，击中了怀疑论和不可知论的要害，论证了唯物论反映论的原则；另一方面又生动地表现了主体与客体、认识与实践、物质与意识、个体与社会之间相互联系、相互作用、相互转化的辩证关系。这就有可能从整体上把握认识运动内部和外部的、全面的、普遍的联系，并把这种联系看成是随条件的变更而发展和变化着的。这就深刻地表现了认识辩证运动的特点和规律，体现了马克思主义能动反映论的实质。

当然，皮亚杰的"发生认识论"也存在着一些缺陷，主要是没有从人类的社会实践（特别是生产劳动这一最基本的社会实践）去说明认识构架的产生和发展，他的一些心理学实验也不够完善。正如皮亚杰所言，为了弄清楚从最早的儿童时期到卓越的科学家发明达到了顶峰的时期，在认识发展的各个阶段上所发现智力创新的根本过程，我们还有大量的工作要做。

第二节　心理理论研究的心理学演进

发展心理学早就开始了对儿童心理结构的研究。19 世纪精神分析学派的鼻祖弗洛伊德（Freud）关于其人格结构的理论指出，刚出生的儿童是未分化的生物，他只有本我这一单纯的心理结构。本我是通过遗传获得的，主要包括性本能和攻击本能，本我遵循快乐原则，只是本能的追求快乐躲避痛苦。如果个体不对自己的行为进行约束和控制，个体将难以适应周围的环境而生存下去。因此，个体为了适应环境又发展了自我，自我按照现实原则行事，对本我进行控制和约束。随着年龄的增长到 5 岁左右，个体受社会文化的影响又发展了超我，超我是环境和教育影响的产物，按照道德原则行事，超我的主要职责是指导自我以道德良心自居，并压抑、制约本我的本能冲动，是理想的我，超我是社会规则和价值观内化的结果。进入 20 世纪，关于儿童心理知识发展的研究掀起了热潮，主要出现了三次浪潮：第一次浪潮直接或间接地源于皮亚杰的理论和研究，第二次浪潮始于 20 世纪 70 年代早期关于元认知的理论与研究，第三次浪潮始于 20 世纪 80 年代，就是当前仍盛行的关于"心理理论"发展的研究。[1]

一、皮亚杰的思想

皮亚杰不仅从哲学的角度论证了认知的建构，而且以科学的方法研究了儿童对心理的理解，或者说研究了儿童对某些特定精神活动（如梦和想法）的理解。[2]皮亚杰从 20 世纪 20 年代就开始了关于儿童认知发展的研究，并得出了儿童心理或理解的一些研究结论。他应用在精神病医疗诊所工作时学习到的一些访谈技术，询问了许多 4 至 12 岁的儿童一些常见问题，并观察他们的反应。这些问题如儿童对梦的想法，儿童对太阳、月亮与天气的想法，儿童认为什么东西会感到疼痛，什么东西是活动的，等等。儿童对这些问题的回答，一方面揭示了他们是如何想到他们自己的，即对自我的理解，而对自我的理解与对心理的理解是紧密联系在一起的；另一方面揭示了他们不能像成人一样区分人和物，他们认为月亮和风都是有思想的，他们甚至会说月亮知道了什么，风想要怎么样，等等。而儿童关于天文学和气象学的这些理解则说明了他们对愿望、感知等精

---

〔1〕 王桂琴等："儿童心理理论的研究进展"，载《心理学动态》2001 年第 2 期。

〔2〕 ［美］詹妮特·怀尔德·奥斯汀顿：《儿童的心智》，孙中欣译，辽海出版社 2000 年版，第 5~10 页。

神活动或心理的理解。皮亚杰根据儿童对不同问题的回答、在日常生活中的表现，推导出许多基本概念来分析儿童思维及其发展特征，联系这些基本概念就能描述皮亚杰关于儿童心理的理论。

其中，皮亚杰提出了四个重要的基本概念：

第一，现实论。儿童在 6 岁以前，对心理活动没有丝毫的判断能力，是心理现象的现实主义者，他们不能将梦等心理活动与物质世界的现实存在区分开来。比如问"梦是从哪里来的？"他们的回答是认为梦来自外部——来自夜晚或天空，或通过窗子来自外面的亮光，而且他们也认为当自己做梦的时候，梦是在外面的，梦是别人可以看到的。这就是说，儿童时代的现实论赋予精神存在以物质的特征，比如将各种想法与梦看作是一种物理空间或公共空间。

第二，泛灵论。儿童因为自己的想法与愿望往往赋予物质世界以生命，并认为物质世界也是有精神生活的，这就是泛灵论现象。例如，儿童认为月亮是活的，是有生命的，当他们走动时月亮跟随着他们，当他们不走，月亮也就不走了。

第三，自我中心论。它是指儿童把注意力集中在自己的观点和自己的动作上的现象。皮亚杰尤其强调"自我中心论"这一概念，并对它作了大量的研究。皮亚杰认为儿童心理的认知是从自我中心到脱离自我中心逐渐发展的。对于现实论和泛灵论两种现象，皮亚杰认为孩子之所以会那样想，就在于他们以自我为中心。他认为，儿童无法"设身处地"地考虑问题。事实上，他们没有能力这样做，因为他们不能意识自己。当一个人发展了自我意识的时候，个人经验的主观性就显示出来，因此也就能更客观地看待这个世界。总之，如果缺乏自我意识，儿童就会将自我与世界相混淆；如果没有客观性，儿童就把他们自己的想法等精神世界等同于物质世界的一部分，从而导致现实论；如果没有主观性，儿童会把物质世界等同于他们自身，客观物质被看成像人一样是有知识、有想法、有意图的，从而导致泛灵论。

第四，认知图式。皮亚杰基于其对儿童的认知发展阶段和结构的研究提出了"发生认识论"，阐述了他的关于儿童认知发展的思想。他在研究儿童道德认知发展时发现，儿童的道德认知发展是和儿童内部的思维模式的结构和水平的一系列变化齐头并进的。他认为，个体在与环境不断地相互作用的过程中，其内部的心理结构是不断变化的，而所谓认知图式正是人们为了应付某一特定情境而产生的认知结构。儿童的认知图式是影响他们的道德行为、交往行为的内部因素。随着儿童的成长，认知图式也逐渐趋向于精细化、复杂化，这直接影响到儿童怎样解释、理解社会刺激并做出相应的反应。认知图式的变化同样经历了一系列不同的发展阶段，皮亚杰（1952 年，1977 年）认为儿童主要有三种认知图式：动作图式（感觉运动图式）、符号图式和运算图式。动作图式是最先出现的一种智力结构，一般出现在 0 至 1 岁左右，这是一种动作化的行为模式，表现为这个时期的儿童用动作对物体或经验进行表征或做出反应。这个时期婴儿对事物和事件的理解仅局限于通过外显行为进行表征的方面。比如，对一个 9 个月大的婴儿来说，皮球并没有被看作是一个玩具，而仅仅是一个可以用来弹跳和滚动的东西。出生的第二年，儿童的认知水平发展到符号图式，能够在没有直接操作的条件下，去解决问题并对事物和事件进行思考。换句话说，这时他们已经能够在头脑中表征经验，并使用这些心理符号或符号图式实现自己的目的。而 7 岁以后儿童思维的表征发展到运算图式。认知运算是一个人为得出符合逻辑的结论所进行的内部心理活动，这种运算并不依赖于动作或实物而能独立进行。例如，一个 8 岁儿童把一块橡皮泥由圆压扁，他知道橡皮泥的总量没变，如果把橡皮泥团成圆形还是那么多。因为在他头脑中保留了这个变形过程。相反，大部分 5 岁儿童就不能对思维对象进行逆向操作，不能形成可逆的和能量守恒的观念，他们的判断在很大程度上会受到外显表象的限制。所以，他们虽然亲眼看到了橡皮泥从球形压成了圆饼状，但仍然会坚持认为饼状的更大，因为它占据了更大的面积。皮亚杰认为，这些变化的认识能力，使个体建构起相当精巧的心理图式，儿童就像一位极富创造力的积极探索者，在成长的过程中不断构建并通过组织和适应过程不断地修正自己的认知图式。

后来的研究者在皮亚杰关于儿童发展研究特别是"发生认识论"的基础上又展开了一些新的研究工作，逐渐形成了 20 世纪六七十年代心理学界关于儿童心理理解研究的新思潮。

二、元认知

20 世纪 60 年代末 70 年代初，许多人对皮亚杰关于儿童认知发展的理论一方面顶礼膜拜，另一方面也提出了很多的挑战和质疑。由此，逐渐掀起了关于儿童心理发展的研究的第二个浪潮，即产生于 20 世纪 70 年代的元认知的研究，弗拉维尔（Flavell）被认为是元认知研究领域的奠基人之一。弗拉维尔独辟蹊径的提出皮亚杰提出的许多观点可以纳入传统元认知和智慧领域，这其中就包括认知有意性（intentionality）的观点。[1]该观点假定思维是有意图和目标指向的，包括能够制订一系列的行动计划，弗拉维尔认为这即是主体对于自己认知的认知，它包含了认知者关于自己的知识、关于不同的认知任务的知识、关于用于解决不同的认知任务的可能的策略知识。

自 20 世纪 70 年代以来，元认知发展吸引了众多研究者的兴趣。实际上，关于"任何把任何认知活动的任何方面作为其对象或加以调节的认识、认知活动"的研究均可纳入元认知发展研究的范畴（Flavell，Miller，Miller，2002 年）。[2]当然，最多的元认知发展研究是关于儿童元记忆发展的，也就是关于儿童对各种变量的认识（特别是他们对记忆策略的认识和应用）如何影响记忆表现的探究。如今元认知尽管不像过去那样热门，但在有关记忆、理解、交流、语言、知觉、注意和问题解决等认知发展领域的文献中，元认知仍然是出现频率甚高的研究术语。应该说，在 20 世纪 80 年代以前，但凡涉及儿童心理认识的研究均会被归为元认知范畴或一般的皮亚杰研究传统范畴，直到儿童心理理论发展研究领域的出现。相对而言，大多数元认知的研究考虑的是被试关于自己的心理过程的知识，而不是关于他人的心理过程的知识。虽然在大多数情况下或者任务中知道别人如何使用他们自己的心理资源，对于被试如何使用自己

---

〔1〕 Flavell, J. H., "Metacognition and cognitive monitoring: A new area of cognitive development inquiry", *American Psychologist*, 1979, （34）, pp. 906~911.

〔2〕 ［美］J. H. 弗拉维尔、P. H. 米勒、S. A. 米勒：《认知发展》（第 4 版），邓赐平、刘明译，华东师范大学出版社 2002 年版，第 252~313 页。

的心理资源也是重要的，但是通常被试自己的使用情况才是研究者主要感兴趣的（这一点可能也正是元认知和心理理论的重要区别之一）。另有一些学者则认为，元认知可在心理理论的理论框架中加以重新阐释，焕发新的研究活力。

三、心理理论的研究

对心理知识研究的第三个阶段始于 20 世纪 80 年代，在这个阶段，研究者们明确提出了心理理论的概念。因此，心理理论的研究是继皮亚杰关于儿童认知发展的研究和元认知研究之后，又一个探讨儿童心理表征和心理理解的崭新角度和范式，是儿童认知发展研究的第三个主要的浪潮。

关于儿童心理认识的研究热潮始于普雷马克和伍德拉夫（1978年）对黑猩猩是否认识心理的猜测。在《行为与脑科学》（Behavioral and Brain Science）1978 年卷中，普雷马克和伍德拉夫报告了一个检验黑猩猩是否拥有他们所谓的"心理理论"的研究。[1]普雷马克和伍德拉夫将"心理理论"界定为"说某个个体具有心理理论时，我们是指该个体将心理状态归因于自己和他人（或对自己的同类或其他物种）。这种推理系统之所以可以恰当地被视为理论，首先，是因为这种状态不可以直接观测到；其次，这种系统可用于对其他机体的行为作出具体的预测"。他们宣称黑猩猩能够将心理状态归因于他人，因为他们的被试莎拉（Sarah）能够在某种实验情境中表现出对心理状态的认识。他们由此得出结论，认为基于心理状态归因的行为认识，"不是复杂的或高级的行为，而是一种原始的行为"，并且提出了幼儿是否也具有这样一个心理理论的问题。

这些研究的假定想法很快在 1980 年由两名心理学家佩尔奈和威默[2]所证实。他们受普雷马克和伍德拉夫研究的启示，采用哲学家

---

〔1〕 Premak, D., Woodruff, "G. Does the chimpanzee have a theory of mind?", *Behavioral and Brain Sciences*, 1978, (1), pp. 515~526.

〔2〕 Wimmer, H., Perner, J., "Beliefs about beliefs: Representation and constraining function of wrong beliefs in young children's understanding of deception", *Cognition*, 1983, (13), pp. 103~128.

所提议的"意外地点"方法来测查幼儿理解错误信念，并且作了一系列非常有影响力的研究。在这之后的其他错误信念任务的类型同样发展：如让幼儿看饼干盒，打开让他看，发现原来里面装着铅笔后，询问儿童"其他小朋友在没有打开盒子看见里面装的东西时，他们会认为饼干盒里装的是什么？"年龄较小的学前儿童回答"铅笔"，年长一点的儿童能够更好地理解错误信念，说"饼干"。约在同时，韦尔曼等开始独立地使用儿童元认知知识和洞察心理的发展等术语来探讨心理理论的发展。此外，其他研究者都沿着这条路线在儿童发展方面使用该概念，随后发展为心理理论的研究趋向。这种趋向是在 1986 年春天举行的两次研讨会上达成的一致看法。这两次会议所讨论的内容及观点随后以名为《发展中的心理理论》一书正式出版，这标志着儿童心理理论研究潮流正式发起。自此以后，心理理论的研究范围越来越广，所涉及的年龄阶段也越来越多。

　　心理理论的研究自发起以来势头十分迅猛，在很短的时间内就取代了元认知在儿童认知发展研究中的地位，成为目前居于主导地位的研究倾向。

第三节　心理理论的概念分析

一、概念界定

　　最早提出这一概念的普雷马克和伍德拉夫认为"心理理论"是指一种推测他人心理状态的能力。其后的一些研究者认为，这种能力应该是一个推理系统，他对不可观测的心理状态进行推测，并对行为进行预测因而可将该推理系统视为一个"理论"。阿斯廷顿等人（1988 年）[1]指出，所谓心理理论就是指个体对他人心理状态以及他人行为与其心理状态间关系的推理或认知。哈佩（Happe）等（1998 年）[2]则进一步指出，所谓心理理论是指对自己和他人心理

---

〔1〕　Moore，C.，Frge，D.（eds），"Children's theories of mind"，*Hillsdale*，NJ：Lawrence Erlbaum Associates，1991，pp. 1~12.

〔2〕　Perner，J.，*Understnading the representational mind*，Cambridge：the MIT Perss. A Bradford book，1991，pp. 2~10.

状态（如需要、信念、意图、感觉等）的认识，并由此对相应行为作出因果性的预测和解释。研究者们之所以把儿童关于心理的知识称为"心理理论"，是因为在他们看来儿童的心理知识是由相互联系的一系列心理因果关系而组成的知识体系，儿童可以根据这个知识体系对他人的行为进行解释和预测，而这个知识体系就像科学理论一样，有其发生、发展的过程。但同时，研究者们又认为儿童心理理论并不是一个科学的理论，而是一个非正式的日常理论，是一个框架性的或基本的理论，所以常常把这种心理特点称为常识心理学或朴素心理理论。

例如，韦尔曼（1990年）[1]认为，从心灵哲学的角度看，对民俗心理学的概括可被视为一个法则的集合，这一集合形成一个朴素的理论，这一理论虽欠科学，但终归是个理论。从科学哲学的角度考虑，成人在对人的心理进行推理时，表现出了如科学理论一样的三个重要特征，即：关于心理状态的知识体现出内在一致性（如概念的相互关联）；对心理现象和对物理现象的推理表现出本体上的区别性，成人关于心理的认识会导致一个因果关系解释的图式。这些特征都是心理理论存在的证据。韦尔曼（1990年）通过实验发现，在3岁儿童的认识中，也存在着类似成人认识活动的这三个特征。据此，他认为儿童与成人一样，拥有一个由关于心理状态的常识法则组成的心理理论，这一理论以类似于科学理论的方式运作着。

随着研究的深入，对心理理论概念的认识也在发生着变化，对此主要有以下几种观点：第一种观点认为，它是指发展心理学研究中关于儿童心理认识的一个领域；第二种观点则偏重"理论"（theory）一词的本意，认为它是指对有关知识的规律性和系统性的认识；第三种观点与普雷马克和伍德拉夫（1978年）最初的用意一样，认为它是一种推知他人心理状态的能力；第四种观点认为，它指的是儿童认识的理论化理论（theory theory），即"儿童在日常生活中对常识的认识，其本质上是理论性质的，具有如科学理论一样的

〔1〕 Wellman, H. M., Woolley, J., "From simple desires to ordinary beliefs: The early developemnt of everyday psychology", *cognition*, 1990, （35）, pp. 245~275.

作用"（邓赐平，2008 年）[1]。史密斯（Smith）等（1998 年）[2]
认为，把个体对他人（也包含自己）的这种认知称为"理论"，主
要是为了强调个体对他人心理世界认知的两个方面：一方面，心理
状态是一种主观的存在，无法直接触摸，因而只能从他人的言行中
进行推论。另一方面，理论通常是指一套相互联系的观点或思想。
他人的心理世界同样包含一系列相互联系的内容，如情绪、愿望、
假装、欺骗和关于客观世界的各种不同的信念。而人们对这些方面
的理解或认知无疑是一套十分丰富、复杂的概念系统，因而可以适
当地称之为"理论"。许多发展心理学家赞同"儿童的心理认识类
似于理论"的观点。凯里（Carey，1985 年）[3]就提出，儿童认知
的发展是儿童物理理论、心理理论和生物理论逐渐形成及不断精细
化的结果。这类理论的获得依赖于对事物运作的解释机制的掌握，
这种理论知识与其他类型的知识不同，后者虽然也能为个体处理外
界事物提供先前累积下来的工作策略，但它们不能提供核心解释机
制，用来解释具体事物如何运作具有很大的灵活性和简约性，其核
心概念和主要论点能为各种不同情境的事件提供解释。

　　但是，一些人虽然同意儿童的心理认识具有理论化的观点，但
对 2 至 3 岁儿童是否拥有心理理论持疑义（Perner，1991 年）[4]。
不过佩尔奈仍同意以"理论观"解释儿童的认识。他认为，这种观
点为我们提供了一个洞察儿童概念发展的机会，特别是考察儿童所
获得的一些基本概念在建立新理论或重要的理论变化中所可能起到
的重要作用，这些基本概念提供了一个更深的解释水平，这种解释
适用于范围很广的现象，在儿童的认识发展中引发了一次"理论性
的革命"。佩尔奈认为，"表征"概念的获得在儿童的理论形成中起

　　[1]　邓赐平：《儿童心理理论的发展》，浙江教育出版社 2008 年版，第 4~6 页。
　　[2]　Smith, P. K., Helen, C., Mark, B., *Understanding Children's Development*,
Blackwell Publishers, 1998, pp. 96~102.
　　[3]　Carey, S., *Conceptual changes in childhood.* Cambrige, MA：MIT Press, 1985,
pp. 17~21.
　　[4]　Perner, J., *Understnading the representational mind*, Cambridge：the MIT Perss. A
bradford book, 1991, pp. 46~49.

着主要作用，一旦儿童认识到表征解释机制，那么他们便拥有了一个心理理论。

可见，尽管上述的研究者们关于儿童心理理论形成的分析不尽一致，但他们都以"理论观"来考察儿童的心理认识。后来的一些发展心理学家，如莱斯利（Leslie）、高普尼克（Gopnik）、弗拉维尔等也支持这一观点。虽然他们所采用的具体表述方式有所不同，但都把儿童对表征的认识作为解释儿童心理认识发展的核心。概括而言，根据研究者对心理理论概念理解的不同，可以大体遵循两种水平加以理解——即广义和狭义的心理理论定义。就狭义的心理理论而言，目前比较一致的理解是指个体对自己和他人心理状态（如感知、知识、需要、意图、愿望、信念等）的认识，并由此对相应行为作出因果性的预测和解释；而广义的心理理论泛指任何发端于婴儿阶段与心理有关的知识。

总之，心理理论是一个复杂的知识系统，目前还很难对其下一个非常严明、规范的科学定义，大多数的定义都是一种操作性描述或现象的描述，因此也没有达成共识性的统一定义。

二、概念特点分析

从哲学思辨的角度分析，心理理论之所以被称为"理论"，其主要依据在于具有科学理论所具有的三个重要特点：连贯性、本体论和因果现实解释框架。

（一）连贯性

韦尔曼结合心理哲学、科学哲学和儿童认知发展研究证明，儿童心理理论也具有"理论"性，并以"信念—愿望"（belief-desire）为基础构建了心理理论的理论框架。并且在信念和愿望的基础上，进一步考虑了其他心理是如何在此基础上产生的，最后描绘了完整的"信念—愿望"推理图式。[1]

韦尔曼认为，儿童在 2 至 4 岁其心理理论的发展有三个阶段：

---

〔1〕 Bartsch, K Wellman., H. M., *Children talk about the mind*, Oxfor, UK: Oxford Unicercity Press, 1995, pp. 143~145.

阶段一（2 岁左右）："愿望心理学"阶段。

该阶段儿童的心理理论是建立在"愿望心理学"基础上的。这一年龄的儿童假定他人是有愿望的，这些愿望影响着他人的行为。例如，在山姆找兔子的实验中，山姆的行为（寻找兔子）是受其愿望引导的（把兔子带到学校里去）。这种愿望心理学除了对简单愿望的理解，还包括对简单情绪和简单知觉经验或注意的最初观念，但儿童对自己及别人的心理几乎皆以愿望为评定准则。

阶段二（3 岁左右）："愿望—信念心理学"阶段。

这一阶段的儿童在对他人心理的认知中，不仅能够考虑到他人的愿望，而且还能考虑到他人关于世界的信念。儿童似乎表现出对信念的理解，但他们对自己及别人的行为仍以愿望而非信念为标准来解释。例如，在"儿童找书"实验中，3 岁儿童认识到，尽管在两个地方都有书，但是如果故事中的儿童只知道在一个地方有书，那么，他就会到这个地方去找书。这就是说，3 岁儿童能够把他人的信念考虑在内，他们是根据故事中儿童对世界的表征来预测其行为的。但是，韦尔曼认为，3 岁儿童会把个人关于世界的信念看作是对客观世界的"摹写"或者"复制"，但他们还难以认识到，个人关于世界的信念只是对世界的一种解释，而不是对世界的"复制"。

阶段三（4 岁开始）："信念—愿望心理学"阶段。

在这一阶段，儿童开始综合信念和愿望等因素来对自己及别人的行为进行推断。他们已经能认识到，个人关于世界的信念是对世界的一种解释，而不是对世界的"拷贝"，而且这种解释有可能是不准确或错误的。

佩尔奈认为（1983 年）[1]，儿童的心理理论经历了从"情境理论"到"表征理论"两个发展阶段。4 岁以前，儿童不具有一种心理的表征理解，他们把信念和心理状态理解为人和特定环境状态之间的联系，儿童具有一种行为的"情境理论"。4 岁之后，儿童具有

---

〔1〕 Wimmer, H., Perner, J., "Beliefs about beliefs: Representation and constraining function of wrong beliefs in young children's understanding of deception", *Cognition*, 1983, (13), pp. 103~128.

一种心理的"表征理论"。3 岁儿童具有一些思维概念，这可算作一定程度的表征理解，但它还不是完全意义上的表征理解，因为 3 岁儿童只具有对现实拷贝的概念化信念。到 4 岁后这种理解发生了变化，儿童能够进行解释世界的表征理解而不是拷贝。这不仅反映在他们对信念的表征理解上，还反映在他们理解他人的知觉和意图等心理状态上，以及他们作为一个主动的信息加工者的心理观点上。思维或信念只在特定环境中是表征理解，多数情况下它被看作是情境的而非表征的。由于"元表征"概念的获得，儿童能够把被表征的事物和对该事物的表征区分开来。只有当儿童认识到表征不是对现实的摹写或拷贝时，他才获得元表征的概念。因此佩尔奈划分的第一个阶段包括了韦尔曼的前两个阶段。

Leekam（1993 年）[1]则根据已有的研究结果对 2 至 5 岁的学前儿童心理理论的发展阶段做了如下划分：①2 岁儿童能够理解个体的视线和行为的物理关系，进行假装游戏，开始理解假设的幻想世界，理解手段和目的之间的联系—目标指向行为的思想。②3 岁儿童能够理解他人看到的世界不同于自己所看到的，理解想象不同于现实，理解他人的行为是由愿望、意图和思想决定的。③4 至 5 岁儿童出现了其他一些能力，能认识到不同的知觉视角会导致人们对同一物体或事件有不同解释。他们能在反事实世界里进行推理，并能理解意图独立于行为。他们也能理解某人知道某事是因为看见了它，以及是人的信念使人按一定方式行动。特别是 4 至 5 岁的儿童能理解由于人们对情境的错误信念而使其对情境错误表征，从而会导致错误行为。

虽然不同的研究者对儿童心理理论的发展的具体阶段划分不同，但是他们的划分都基于这样一个基本观点：儿童心理理论的发展是一个连续的过程，前一阶段的发展是后一阶段发展的基础。

（二）本体论

元认知研究首先为由客体认知研究向主体认知研究的转变架起

---

[1] Susan, Leekam, "Children's understanding of mind", M. Bennett (Ed.), *The child as psychologist: An introduction to the development of social cognition*, New York: Harvester Wheatsheaf, 1993, pp. 47~61.

了一座桥梁。20 世纪 80 年代兴起的心理理论研究最终促成了儿童认知发展研究的第二次转变。心理理论并非是一种科学意义上的理论，而是指儿童对自己和他人心理状态的理解和认知，例如对愿望（desire）、信念（belief）、意图（intention）等内部心理状态的认知。研究者试图发现儿童对心理这一实体的认知对由不同心理状态而产生的不同行为的理解以及心理状态如何与感觉输入、行为输出及其他心理状态因果联系的理解。很显然，心理理论既涵盖了儿童的客体认知和元认知，也包含了主体认知。如果将这三种认知进行比较的话，那么儿童对不同于自己的主体的认知发展要晚于客体认知和元认知，这是因为人既是认识的客体又是认识的主体，他不仅是活动变化的，而且主体的内部心理状态必须依据主体的行为活动和客观情景的变化加以推断。因此与早期的研究相比，心理理论更具有主体性特点，其研究更有可能揭示个体认识发生和发展的机制。[1]

　　儿童获得心理理论有一个前提，那就是必须认识到他人与自己一样是有一套对外在事物的观点，即拥有关于世界的信念，而每个人是按照自己的信念行事的，尽管这个信念可能正确也可能错误。也就是认识到别人可能具有与自己不同的信念，而不同的信念会引起不同的行为。皮亚杰的"自我中心主义"是特指儿童以自己的立场和观点去认识事物，而不能以客观的他人的观点去看待世界，这种混淆使个体不能认识到他人观点与自己观点的不同。皮亚杰认为，自我中心主义是儿童思维处于前概念时期的标志之一，这个时期在 4 岁左右结束。很显然，自我中心主义使儿童不能区分他人观点与自我观点的不同，而儿童心理理论的获得要求儿童能认识到别人可能会有与自己不一样的信念和行为，从这一点可以看出心理理论的获得是以摆脱皮亚杰所说的"自我中心主义"为前提的。从实际的研究结果也证明了这一点，韦尔曼和佩尔奈的"错误信念任务"研究发现 4 岁是儿童心理理论发展分界的年龄，而这也正是"自我中心主义"存在的前概念时期结束的年龄。

---

〔1〕　王雨晴、陈英和："心理理论和元认知的关系述评"，载《心理与行为研究》2007年第 4 期。

（三）因果现实解释框架

心理理论的核心概念是行动、信念和愿望。人类行动是心理理论解释的主要现象，信念反映的是客观世界的情形，愿望则来自基本的动机和情感，只要给其中两个信息，我们就可以推测第三个信息。在愿望和信念的基础上，产生其他心理，如意图和特质。

由此，可以概括地说，儿童心理理论是指儿童个体对人（包括他人和自己）的心理（mind）状态——如信念、愿望、意图、感知、猜测、需要、假装、情绪、思维和人格等及其一系列相互联系的内容的理解或认知，并据此对人的相应行为做出因果性的预测和解释的能力。[1]

心理学家将儿童这种能力比作为一种"心理理论"（theory of mind），是一种隐喻式的研究范式。心理学家之所以这样比喻是因为：首先，心理学家用"心理"（mind）这一词来指代人类个体所具有的所有社会心理要素，其中包括信念、意图、愿望、猜测、假装、情绪、思维和人格等，"心理"这个词准确地概括了上述这些具体的内容。其次，维纳等（Wegner，Vallacher，1977年）认为"理论"（theory）就是由人们概括出来的对某种现象进行解释和预测的知识系统，在这个系统中的各个环节间呈逻辑性联系。由于"心理"——包括信念、意图、愿望、猜测、假装、情绪、思维和人格等及其一系列相互联系的内容——是一种主观的存在，因而儿童个体只能从人的行为这一种现象中去对这些无法直接观测的"心理"状态进行推测和解释，经过分析和综合，形成一套由诸如愿望、意图、信念、猜测、假装、情绪、思维和人格等概念组成的十分复杂且丰富的有逻辑的概念推理系统，并利用这种推理系统对人的行为的现象进行解释和预测。这一过程恰恰表现出了维纳等所强调的"理论"的功能，因而可将该推理系统视为一种"理论"。从这个意义上讲，儿童心理理论研究就是把儿童看成是"朴素的、直觉的心理学家"，而考察其如何逐渐建构起对人（包括自己或他人）心理

---

[1] 宋戈、焦青："儿童心理理论能力中的特质理解研究"，载《中国特殊教育》2007年第4期。

状态的认知以及心理与行为关系的认知发展的研究。

在这里，研究者取"理论"一词的含义并不同于科学理论，而是指一种常识理论。有研究表明，婴儿在与他人的交往过程中确实表现出了一种心理预期：即便很小的儿童也能和同伴一同进行假装游戏，并做出对假想情境的推理。儿童对心理知识的理解，涉及的内容非常广泛，包括知觉、信念、思维、意图、道德情绪等一系列心理过程和心理状态。这些心理实体是内在的、主观的、非真实的和假设性的，它不同于真实的、外显的、物质的和客观的物理实体，但是，儿童可以利用这些"理论概念"来解释和预测一个人的行为。

三、与类似概念的区分

(一) 社会认知

社会认知作为人类认知活动的一个组成部分，其重要性直到20世纪40年代中期才逐渐为人们所共识。就认知对象而言，社会认知指的是对人及其行为的认知，而不是对物以及非人的客观存在的认知。对自然景色、自然物体以及各种自然生命物体的认知，是人的心理与行为中的一个重要组成部分，我们把它们称之为一般意义上的认知，但这种一般意义上的认知活动并不能替代对人及其行为的认知。辩证唯物主义告诉我们，世界包括自然界、人类社会和思维。相应地就有对世界的两种认知活动：即对自然界和思维的认知活动（一般认知），对人类社会的认知活动（社会认知）。

社会认知在内容上涉及三个不同的层次。其一，关于个人的认知，包括对自己和别人各种心理活动（如感知、注意、记忆、思维、情感、动机、意向）及思想观点、个性品质等的认知；其二，关于人与人之间的各种双边关系的认知，如对权威、友谊、冲突、合作等关系的认知；其三，关于社团内部及社团之间各种社会关系的认知。[1]

在儿童心理学中，以往对儿童认知的研究主要集中在儿童对自然现象的认知上。但是，婴儿自出生后，除接触周围的自然物外，

----

〔1〕　陈英和：《认知发展心理学》，浙江人民出版社1996年版，第271页。

还会接触到社会环境，接触到人和由人组成的社会。因此，儿童的认知除了自然认知外，还有对各种社会现象（包括对人）的认知，即社会认知。从个体社会适应和社会性发展的角度讲，社会认知比自然认知更为重要。自 20 世纪以来，社会认知日益受到研究儿童心理的学者们的重视。研究发现，一些"问题儿童"往往存在社会认知偏差。比如攻击型儿童，近年来的大量研究表明，攻击型儿童对自我的认知也表现出与一般儿童不同的特征。攻击型儿童一般自我认同感较高，对自己外貌及体力优势等方面的评价较高，且具有较强的自尊心。他们又常常低估、怀疑甚至轻视他人的能力。这种较高的自我评价和较低的对他人能力的认知就可能是构成攻击发生的重要"心理条件"。

心理学家们认为"心理理论"是儿童有效的社会认知工具。儿童社会行为的最基本的两个方面是合作和竞争，在竞争中，尤其是各种直接的对抗性游戏或比赛中，儿童必须了解对方的意图、策略等，并选择最佳战术以取胜；在合作中，要求儿童不仅能了解其他人的愿望、想法，能与其他人共享某种情感、信念、态度，还需要了解自己的言行将会给他人带来什么影响。池丽萍等（2009 年）[1]的一项研究表明，对于社交退缩儿童而言，低频率的社会交往水平可能与他们对自己和他人心理状态的推理能力较差有关。因此，如果能帮助儿童更快更好地发展"心理理论"，就能使儿童提高社会认知的能力，更好地适应社会生活。

(二) 元认知

20 世纪 70 年代初期，兴起了儿童元认知的研究，弗拉维尔是该领域的集大成者。按照弗拉维尔的观点，元认知是以各种认知活动的某一方面作为其对象或对其加以调节的知识或认知活动。元认知研究包括关于作为认知主体特性的认知、关于不同认知任务特性的认知及关于依据不同任务采取不同认知策略的认知研究。"元认知"概念的提出标志着儿童认知发展研究的第一次转变。弗拉维尔提出

---

〔1〕 池丽萍、安静："社交退缩与非退缩幼儿心理理论的比较研究"，载《心理研究》2009 年第 2 期。

元认知概念后，心理学和教育学等学科对元认知的内涵、结构、实质进行了大量的研究。从广义上讲，元认知不但涉及个体对自身思考的思维能力，而且是对个人关于自己的认知过程、结果及其他相关事情的知识以及为了完成某一具体目标或任务，依据认知对象对认知过程进行主动的监测和连续调节与协调的活动过程。"知道所知道的"是元认知的核心。

从研究者对心理理论和元认知所赋予的特定概念可以看到，二者存在诸多的相似性和共同点。可以说，心理理论和元认知是当前儿童认知发展领域里的两个最重要的概念。

心理理论和元认知的研究者关注共同的心理现象，即儿童关于心理现象的知识和认知的发展。其中，心理理论与元表征能力联系密切，后者构成了儿童心理理论发展的基础，并在某种程度上促进了儿童心理理论的发展。很多心理学家都认识到了两者之间的密切联系，并采用了不同的方法来研究它们之间的相互影响。巴奇（Bartsch，1996 年）[1]认为心理理论成为后来元认知发展的基础。韦尔曼（2001 年）[2]认为，元认知组成了一个更大的、多方面的心理理论。也就是说，作为一种心理理论，动机性的心理状态和认知构成了一种框架，在这个框架中，具体的元认知理解（例如，延迟可以影响记忆的认知）能够得到发展。斯珀林（Sperling）等（1996 年）[3]研究发现，年幼儿童具有一般意义上的自我监控（self-regulatory）能力，在问题解决中表现出的自我调节、策略使用与儿童心理理论关系密切。洛克和施奈德（Lock，Schneider，2007 年）[4]通过横断设计研究了儿童心理理论、语言能力和后期的元记忆的发展

〔1〕 Bartsch, K., "Individual differences in children developing theory of mind and implications for metacognition", *Learning and Individual Differences*, 1996, 8 (4), pp. 281~304.

〔2〕 Wellman, H. M., Cross, D., Watson, J., "Meta-Analysis of Theory-of-Mind Development: The Truth about False Belif", *Child Development*, 2001, (3), pp. 655~684.

〔3〕 Sperling, R. A., Wall, S. R., Hill, L. A., "Early relationships among self-regulatory constructs: Theory of mind and preshool children's problem solving", *Child Study Journal*, 2000, 4 (30), pp. 233~252.

〔4〕 Lock, I. K., Schneider, W., "Knowledge about the mind: links between theory of mind and later metamemory", *Child Development*, 2007, 78 (1), pp. 148~167.

关系。结果表明心理理论和语言能力能够明显地预测后来的元记忆能力的发展，而且这种关系随着时间的变化而不同。语言对元记忆的影响是通过心理理论的发展而起到间接的作用。王雨晴、陈英和（2008年）[1]的研究表明，3 至 5 岁幼儿在心理理论与元认知策略方面有较高的相关。张庆辞、徐旭荣（2009 年）用意外内容任务、意外地点任务和描述"去超市购物程序"任务、模糊信息的选择任务以及分类任务测查 3 至 5 岁儿童的心理理论与元认知之间的相关关系，结果显示心理理论中意外内容和意外地点任务和元认知任务呈显著的正相关。

实际上，大多数心理学家可能会认为元认知和心理理论有相似性，这种同义的感觉在心理理论的发展文献中通过使用"元表征"而得到进一步阐明。[2]尽管有这些相似性，但是大多数心理理论的文章都没有提及元认知的发展领域，同时大多数元认知发展的文章也没有和儿童心理理论的发展联系起来进行研究。

但是，心理理论和元认知的区别也是显而易见的。迄今为止，大多数心理理论的研究主要旨在考察儿童关于基本心理状态——愿望、知觉、信念、知识、思维、意图、感受等的原始知识。在这个领域内，研究者试图了解儿童心理状态发生和儿童理解这些不同的心理状态的关键年龄阶段，以及儿童对心理状态的输入、输出和其如何影响行为的知识的理解和使用。相对而言，元认知发展研究主要体现在与任务相关的心理活动上，因此其研究是以问题为中心的。另外，大多数心理理论的研究主要探索关于基本类型的心理状态（愿望、信念等）知识的来源和早期表达，研究者主要倾向于以婴儿和年幼儿童为对象；相反元认知的研究者以年龄大一些的儿童和青少年为研究对象。

另外，虽然心理理论和元认知都是对心理知识的研究，有其相似性，但在研究方法和研究对象上有所分离。

〔1〕 王雨晴、陈英和："幼儿心理理论和元认知的关系研究"，载《心理科学》2008 年第 2 期。

〔2〕 Flavell, J. H., "Development of chidren's knowledge about the mental world", *International Journal of Behavior Development*, 2000, 24 (1), pp. 15~23.

从前面的分析可以看到，虽然心理理论和元认知都是对心理知识的研究，一些心理学家也在论述中提到心理理论和元认知有些类似，但是却没有在相同的平台中进行研究和探讨；有研究者认为心理理论是元认知领域的一个特殊方面，属于包含的关系，也有人认为元认知是测量心理理论的一种方法，在这种认识中，似乎心理理论又包含元认知的知识。对于这些问题的回答只能通过具体的实验来说明。

总而言之，关于心理理论与元认知的关系研究，将来可以从以下角度考虑：①幼儿早期心理理论的发展是其后来元认知发展的基础；②心理理论与元认知在各自的路线上以相同的机制在发展，二者之间存在相关；③心理理论作为社会认知的部分，只是元认知在特殊领域的一种表现，要对这种关系在科学意义上达到认识，必须要在心理理论与元认知的研究方法上达到必要的整合；④对于成年甚至老年心理理论的研究，可以从元认知的研究方法中找到借鉴；反之，在年幼儿童心理理论的研究中，可以对年幼儿童元认知的研究有所启示；⑤关于心理理论与元认知具有共同的大脑皮层区域的研究可能会促进对二者关系本质的进一步认识。

正如弗拉维尔[1]所言，对于心理理论和元认知，不仅仅是发展心理学家关注的问题，也是哲学、精神病学、神经心理学、社会心理学、临床心理学、比较心理学、文化心理学、认知心理学和教育领域的研究者共同关注的问题。因此，从心理理论和元认知的综合研究视角、含义及其研究范式等方面梳理心理理论和元认知的关系具有重要的意义，这可以为心理理论和元认知的研究提供新的角度，从而为建构更加合理和实用的理论提供思路。

(三) 观点采择

观点采择 (perspective taking)，来源于社会心理学的"社会视角转换"。作为一个心理学概念，观点采择只有短暂的历史，根据有关文献，只有在 20 世纪 80 年代以后它才被广泛使用。该路线同样

---

〔1〕 Flavell, J. H., "Theory-of-mind development: retrospect and prospect", *Merrill-Palmer Quarterly*, 2004, 50 (3), pp. 274~290.

始于皮亚杰的探究,该研究尽管是皮亚杰关于自我中心主义的探究的一部分,却不像皮亚杰的大多数工作那样旨在研究逻辑或物理模式,而是直接探讨儿童关于社会领域的认识中的一个重要成分,即采纳某个人的观点的能力。儿童能否认识到其他某个人此刻所看到的、所想到的、所感受到的或所希望的事物?特别是在其他人的观点不同于自己的观点的时候,儿童能否进行这种洞察?这种观点采择(有时也称为角色采择——role taking)在社会认识和社会互动中具有举足轻重的作用,其反面之一就是自我中心。观点采择可能出现在许多情境,并可能有许多形式。在皮亚杰最初的研究中,主要是在两种情境下考察观点采择。第一种情况涉及儿童试图交流的情境。在交流中,显然需要脱离自己的观点,以便调节自己的话语内容适应听者的信息需要。皮亚杰既在儿童的自发对话中研究这种交流的观点采择,也采用实验室任务进行研究。这类实验任务要求儿童将一批信息传递给其他人(例如复述一个刚刚听过的故事)。第二种情境涉及空间观点采择,或了解其他某人所见到的事物的能力。研究空间观点采择能力的主要装置是"三山"模型(three-mountains model):在绕着陈列的模型走一圈之后,让儿童坐在模型的一侧,儿童的任务是描述一个玩偶置于环绕模型周围的各个不同的位置上分别会看到什么。

观点采择中的"perspective"原意为"透视、远景、前途、展望、景象",基本意思还是视角方面的内容,而在心理学文献中,"perspective"的意思是转换观察问题的角度,已涉及思维和意念方面。因此,观点采择(perspective-taking),也经常被形象地比喻为"从他人眼中看世界"或者是"站在他人的角度看问题"(Shantz,1983 年)。[1]在发展心理学的有关文献中,对于这一概念的定义主要有如下几种:米勒(1970 年)[2]认为,观点采择是一个借以理解

〔1〕 Shantz, M., Wellman, H. M., Silber, S., "The acquisition of mental verbs: A systematic investigation of first references to mental state", *Cognition*, 1983, (14), pp. 301~321.

〔2〕 Miller, P. H., Kessel, F. S., Flavell, J. H., "Thinking about people: A study of social cognitive development", *Child Development*, 1970, (41), pp. 613~623.

或确定他人的某种特性的过程；塞尔曼（Selman，1980 年）[1]认为，观点采择表现为一个过程。它是一个人依据我们关于人类行为的一般知识，结合可以从直接的情景中获取的任何具体信息，对在一定情景中突出的角色特性的意义作出了猜测的过程。尽管上述定义存在一定的差异，但从中不难发现，观点采择最首要的因素是转换思维角度，而后在此基础上与他人进行交流，同时在头脑中将自己的观点与他人的观点、自我的特征与他人的特征进行比较，作出准确的推断，进而了解、采纳他人的观点。因此，可以说，观点采择是儿童心理理论发展的一个重要方面，同时也是儿童心理理论不断发展提高的重要体现。

儿童观点采择能力的形成需要有一个发展的过程。一般说来学龄前儿童还未具备观点采择能力。虽然有时他们说出的话似乎是站在他人的角度上，根据当时的有关信息所作出的适时反应。但如果经过一段时间的观察，就能发现这只是一种假象，这一阶段的儿童仍是站在自己的角度上看问题，仍会不自觉地把"自我"的品质和自身的看法强加于事物和他人。因此，可以说观点采择是与个体自我—他人关系认知中的自我中心主义相对立的。观点采择能力的形成要求儿童基于他人的观点或视角对他人作出判断，对自己的行为进行计划。

诺曼（1988 年）[2]研究了个体社会视角转换的过程，鉴于社会和内部视角，建立了自我—他人关系发展模式。他将其发展分为四个阶段：

第一，主观的—物质的自我阶段：在这一阶段，个体不考虑他人的兴趣和愿望与自己有所不同；

第二，相互的—工具的自我阶段：个体有可能懂得自己的兴趣和目标是与他人有区别的，通常通过工具性的交换，解决自我与他人相冲突的兴趣；

〔1〕丁芳："论观点采择与皮亚杰的去自我中心化"，载《山东师范大学学报（人文社会科学版）》2002 年第 6 期。

〔2〕林彬："儿童观点采择能力的发展及其对儿童社会化影响问题初探"，载《黔东南民族师专学报》2001 年第 2 期。

第三，共同的—包容的自我阶段：个体通过普遍的视角，在对等的关系中理解他人。个体会采用他人的视角，以观察现实的可逆原则来看待问题；

第四，系统的—有组织的自我阶段：此时，个体已经是以一个系统的视角来看待人际关系，能根据自己在角色和规范等大系统中所处的位置来调节自己，进而进行人际交流。

塞尔曼[1]曾利用两难故事法对儿童采择他人观点的能力进行了详细的研究。通过考察对别人观点、思想和情感的认识，塞尔曼将儿童观点采择能力的发展分为五个阶段：

阶段0：自我中心的观点采择。儿童不能区分自己对事件的解释和他们认为是真实的或正确的事情；

阶段1：社会信息的观点采择（6至8岁）。儿童意识到别人有不同的理解和观点；

阶段2：自我反省的观点采择（8至10岁）。儿童意识到，每个人都知道别人有自己的思想和情感，知道不仅别人有不同的观点，而且能够意识到别人的观点。

阶段3：相互的观点采择（10至12岁）。儿童能从第三者、共同的朋友的角度来看待两个人的相互作用。

阶段4：社会和传统体系的观点采择（12至15岁以上）。儿童认识到存在着综合性的观点，而且也认识到"为了准确地同他人交往和理解他人，每个自我都要考虑社会体系的共同观点"。

以上两个研究结果，在一定程度上揭示了儿童观点采择能力发展的阶段和水平，可以看出个体自我发展的一个过程。但由于儿童观点采择能力发展问题的研究分歧较多，还未能形成一套完整的理论，因此仍亟待学者们努力进行积极的探索。

根据前人的研究进行分析，儿童观点采择能力的发展具有以下特点：

1. 儿童观点采择能力的发展过程同时也是儿童对自我进行控制

---

［1］ 丁芳："儿童的观点采择、移情与亲社会行为的关系"，载《山东教育学院学报》2001年第1期。

的过程。观点采择需要儿童了解并采纳他人的观点。这就要求儿童在听取他人观点时，首先要对自己的观点进行控制，以避免自己的观点过分膨胀，从而对判断他人观点的正确性造成威胁。可以说，儿童在与他人交流时首先要控制自我的观点，这样才能将自己与他人的观点特征等进行比较，从而做出正确的抉择。

2. 儿童的观点采择能力随着年龄增长而逐步发展。儿童从 6 岁开始逐渐地从"自我中心"中脱离出来，开始能够将自己的观点或视角与他人的观点区别开来。现在还有研究表明，从幼儿园到小学四年级这一阶段是儿童社会观点采择能力迅速发展的一个时期。四年级以后，儿童的社会观点采择的发展速度减慢，处于一个相对稳定的阶段。

3. 儿童观点采择能力还随着其认识能力及自我意识的发展，经历了"自我—自我、他人—自我、他人、众人"这样一种发展过程。米勒等人的研究（1970 年）指出，观点采择具有环境性或递推性质（recursive nature），儿童观点采择能力发展的基本趋势是从直接对他人的特点的反映（最少量的成分）逐步发展到对他人对另外一个人特点的反映的反映（至少两种成分），再到能够推断他人对另外一个人的某种特性的反映的反映。从发展心理学的角度来看，随着儿童认知能力的发展，其观点采择能力也随之发展，儿童逐渐能对他人的观点进行判断乃至采纳。在儿童发展的早期阶段，他的思维中只存在一种心理成分——即儿童自己的观点，即便这件事情涉及多少个人或与他人的关系有多么的密切。而随着儿童年龄的增长，儿童逐渐学会从他人的角度来看待自己的观点。此时，他的思维中开始同时容纳两种心理成分。在不断地交往中，儿童的社会经验日益丰富，逻辑思维能力逐渐得以提高，当他面临错综复杂的情境时，他不仅能同时考虑自我、他人的观点，还能将与此事有关联的众人的观点纳入自己的认识结构中，去理顺各种观点之间扑朔迷离的复杂关系。

第三章

不同理论视角下的儿童心理理论解读

心理理论自提出以来，在取得一系列富有意义的实验结论和现象的同时，也使得对于这些结论和现象的解释不可避免地被提上日程。如何为这些实验结论和现象提供一种具有解释力的理论框架成为当前心理理论研究领域中最具魅力，也最能体现研究者知识功底的"助推器"。就笔者来看，常识心理学、进化心理学、文化心理学等理论可以为我们全面深入理解心理理论提供不同的理论视角，同时又可以为深化心理理论的研究提供方向指导。如果我们能深刻掌握这些理论的理论蕴涵及其基本特征，就可以更好地理解和把握儿童心理理论的理论内核和研究范式及其研究趋势。

第一节 常识心理学

在理解他人行为的问题上常识心理学对行为的解释和预测可以给出许多额外的启示，而心理理论正是基于这种来自日常生活经验的需要的背景下应运而生的。

一、常识心理学的理论蕴涵

（一）常识心理学的理论界定

常识心理学也被称为民俗心理学、朴素心理学或大众心理学等，是人们在日常生活中创建并使用的心理学，是存在于普通人生活经验中的心理学。自从有了人类，有了人类的自我意识，人们就有了对自身心理行为和心理生活经验的直观理解、解释和建构。[1]因此，

---

〔1〕 葛鲁嘉："常识形态的心理学论评"，载《安徽师范大学学报（人文社会科学版）》2004年第6期。

常识心理学是与人类共始终的，是一种关于心理的原始的、通俗的和常识的看法。常识心理学通常至少包括以下两个组成部分：一是对信念、欲望等进行归因，二是对行为进行解释和预测的实践以及在这些实践中所使用的观点或观念。丘奇兰德将常识心理学规定为"前科学的、常识的概念框架，这个概念框架为所有正常地社会化了的人所使用以理解、预测、解释和操控人或高等动物的行为"[1]。

尽管科学心理学与常识之间势同水火、互不欣赏，但事实上，科学与常识并不矛盾。凯利提出了"每个人都是科学家"的命题。他认为，在日常生活中，我们每个人都像科学家一样，运用自己的语言对发生在身边的事情进行归因、判断和理解，这一判断、推理过程与科学家的研究活动并没有本质上的区别。[2]在日常生活中，存在着更多的是表达性概念而非陈述性知识体系，是应然性意识而非实然性知识。正是这些表达性概念或应然性意识使常人有可能涉入自己和他人的心理生活，达成相互理解和沟通，培养人们日常活动的基本信念，养成基本的心理信条。这便是常识心理学——千百年来隐藏于习俗传统、日常习惯、诗歌曲赋等文化形式中，指引人类日常活动以及人类对自身心理生活的设定、理解和构筑的心理学。

常识心理学来自于常人的心理生活经验，通过日常交往而成为普遍的共识，并得以传递和流行于人际。从一定意义上来说，它要比科学心理学理论更能深入人心，是常识心理学而非心理学科学理论使得人们日常心理生活成为可能。可以说，正是常识心理学联系着个体心理生活与社会文化传统，并使之以特殊方式联结在一起。至此，可以为常识心理学界定一个解释性定义。

（二）常识心理学特征分析

发生、流传和演变于特定的政治、经济和文化氛围中的常识心理学，一直以鲜明的文化特色和文化底蕴，支持、指引着日常生活中人们的心理生活，使常人的心理生活从可能成为现实。从一定意

〔1〕 P. M. Churchland, P. S. Churchland, *On the Contrary*: *Critical Essays* (1987–1997), Cambridge Mass: Mit Press, 1998, p. 3.

〔2〕 Kelly, G. A., "The Psychology of Personal Constructs: A Theory of Personality", New York, Norton, 1995, pp. 56~67.

义上说，正是常识心理学以迥异于科学心理学的文化特色和韵味，实现着人们心理生活的绵延和传承。具体分析，常识心理学具有如下文化特征：

第一，常识心理学的民族性。不同文化传统可能会养成迥异的常识心理学。民族文化传统是常识心理学发生、流传和承续的根基与土壤。离开民族传统，常识心理学也就没有可能。所以，常识心理学的民族性既是心理学日常性文化表征，也是其异于另一常识心理学的界线。

第二，常识心理学的历史性。过去的某一常识心理学今天可能会变换形式存在着，维持着常识心理学的民众心理功能，表现出连续性、传承性和变异性。心理学传统不是存在于某种心理学著作中，哪怕该著作是如此伟大，而是存在于生动、鲜活的常识心理学中，日久弥深，即使中断，也会有相应的另外表现形式来补充。

第三，常识心理学的不可言说性。尽管常识心理学时刻存在或无处不在，但是人们并不一定认识到它的存在。常识心理学包含传统和现实中人们对心理生活的认知、情感、价值、命令及信仰等。人们可能会心照不宣，却又无法说清其逻辑结构。它们构成一个松散网络，左右、指引着人们的日常心理生活，是一种可以意会、但无法言说的心理学。[1]

第四，常识心理学的价值性。常识心理学并不像科学心理学那样冷静、理智、客观地说明心理现象的实质或规律。它常以感觉、愿望、意图、信念、担忧、痛苦、欢乐等带有浓郁的感情色彩和价值意念等的词汇来表征常人的心理生活样态和状况，表达出常人强烈的好恶和选择意向。

二、常识心理学对儿童心理理论的包容与诠释

（一）在哲学层面上常识心理学对儿童心理理论的包容

首先，常识心理学的解释学视野将儿童心理发展的主客体结合

---

[1] 孟维杰："常识性心理学与科学心理学关联的批判性反思"，载《自然辩证法通讯》2007 年第 2 期。

起来，为心理理论提供了思想基础和新的契机。从心理学的研究对象来看，常识心理学强调的解释学视野为发展心理学的发展提供了正确的方向，使心理学第一次将研究的主客体结合起来，抛弃了本质论和实体论的观点，为研究注入了现实性和真实性。常识心理学不是寻访历史概念，而是阐释儿童的心理体验与感受，理解个体现实的心理生活，它直入人的内心，着眼于人的直观经验，看重局部的、边缘的、有用的、本土的心理学专业知识，注重研究作为"历史性的存在"和"流动的融合"的个体的自我理解与体验。常识心理学的研究视野和基本观点为儿童心理理论研究热潮的形成和发展提供了思想基础和新的契机。

其次，常识心理学明确肯定了精神的实在性和自主性，这是在新的科学和哲学条件下对精神在自然界和人类社会中的地位和作用的重新确认，这种确认不同于人本主义哲学对人的主体性的自由弘扬，而是以当代科学和哲学成就为基础所作的理性阐明，虽然两者异曲而同工，但前者似乎更具有说服力。例如，萨特存在主义的责任学说，就是以主体意识的绝对自由为出发点的，其阐述的方式是思辨的而不是科学的。而常识心理学或意向心理学则寻求另一种更科学更合乎情理的说明，即在肯定精神的实在性和自主性的基础上确立道德和责任的本体论基础。[1]这种说明与 20 世纪 70 年代以来肯定精神的本体地位和作用的所谓"精神论"（Mentalism）的追求是共同的［在这种背景中，以斯佩里（Sperry）和艾克尔斯（Eccles）等人为代表的许多神经科学家试图在哲学和神经科学前沿确立精神的本体地位］，在某种意义上它们都是通过确立精神或意识的本体地位来寻求科学与人性、科学与价值的结合，它们为克服当代西方科学文化与人文文化的鸿沟提供了重要的思想启迪。[2]

再次，常识心理学对精神的意向性和因果性的说明，为真实地认识人和人的活动奠定了重要的基础。作为一种意向实在论，常识

─────────────

〔1〕　高新民、刘占峰："民间心理学与常识心理概念图式的批判性反思"，载《自然辩证法研究》2004 年第 4 期。

〔2〕　周宁、葛鲁嘉："常识话语形态的心理学"，载《辽宁师范大学学报》2004 年第 1 期。

心理学对精神的因果效验和行为中的意向给予了充分的肯定，这种肯定，彻底扬弃了行为主义心理学和哲学行为主义的极端唯物主义观念，确立了新的"行动理论"或"行动哲学"的主体观念和哲学框架。的确，行为主义否定精神的主观性、意向性、内容、意义、价值等主观特性和现象状态（如原始感觉等）以及它们的因果效验，这是"常识"所难以接受的。有意识的精神生活包含着某种实质上主观的事实，这些事实不仅只能从"第一人称"观点了解，只能从主观精神状态来了解，而且对人的行为有一种能动的积极作用。这种自然主义对精神本身、精神的因果性和精神论的因果解释持一种坚定的实在论者的立场。毫无疑问，这种立场为儿童心理理论的研究在 20 世纪 80 年代的兴起带来了深远的影响。不管儿童心理的建构有多么原始、朴素甚至幼稚，但却依然以其惯有的直观性和朴素性在架构着人类心理生活的指南框架，直接体现出人类心理生活明确的意向性、自觉性和社会性。

（二）在实践层面上常识心理学对儿童心理理论的诠释

1. 儿童是天然的心理学家

常识心理学是所有正常人理解、预测、解释、控制人和高等动物行为时都必然使用的前科学概念框架，它包括信念、愿望、疼痛等理论术语。它是个体理解人的认知情感和目的性的本质基础。人们通常认为，它代表普通人对心理结构图景、心理运动学、动力学的基本看法。心理是由信念等心理事件、状态和过程所构成的内部世界，具有深浅等空间特性和先后等时间特性。心理可以对外界刺激信息和内部观念、思想进行加工。信念、思想、欲望等可以相互作用，它们同时也是行为动力，因而它们具有直接性、私人性、主观性和优先性，并且常识心理学还与日常语言联姻，经过长期演化逐渐内化入人文社会科学理论体系和日常表达之中，甚至于任何科学的、有解释力的心理认知理论在解释人的时候，都要使用因果、感性、功利等常识心理学原则。[1]所以，正如凯利所言"每个人都

---

〔1〕 周宁："两种心理学话语形态的分野"，载《宁波大学学报（教育科学版）》2005年第 1 期。

是科学家"，在此意义上可以说儿童是天然的心理学家，他们在与周围环境的互动中逐渐建构起自己与众不同的心理理论。

2. 儿童心理理论发展的"文化差异性"

布鲁纳（Bruner）长期以来，一直强调文化在人类发展中的重要作用。他在《Acts of Meaning》一书中阐述了儿童是如何理解这个世界的。他观察了儿童讲故事或叙述故事的时候是如何将自己和他人的所思所感与所作所为融为一体的。他发现儿童在叙述的时候，不仅会讲到故事如何发生，而且还会从一个特别的角度，根据自己对故事的深层理解与预测，讲到故事通常是什么以及应该是怎样的。这样，不同的人对同一个故事的讲述可能会截然不同。布鲁纳认为，儿童在日常生活中通过学会说话、听故事和讲故事，学到了很多知识，懂得了自己应该做什么，不应该做什么。换言之，儿童因此掌握了他所属文化背景下的常识心理学。科米克（Cormick，1989 年、1990 年）进一步证实了布鲁纳等人的观点，认为不同文化环境中的儿童，在面对同一个问题时，他们的回答会很不一样。常识的观点不去探讨在事物的背后是否有某种绝对的存在，它反对本体论哲学，认为人可以从直接感受到的材料中得到正确的认识。并提出两条原则，一是用感觉材料来解释事物；二是人们认识事物是一种直接认识。反对客体与主体、客观事物与主观感觉的区别，认为自然界不过是感官知觉的表现。这种思潮反映了一种趋势，即现代社会越来越注重个体的主观感受，世界是由我们每一个人在心理上构成的。这也给心理理论的研究带来了启发：即注重儿童心理理论发展的文化差异性，要从儿童自身所处的、与众不同的社会文化环境去认识和理解儿童。

3. 心理理论研究范式的"生活常识性"

虽然常识心理学不能满足严格的科学标准，它也没有号称要成为一门科学或原科学，但是常识心理学与科学是可以互相通达的。如同其在语言学、经济学、决策理论、人工智能等社会科学中显示的一样，常识心理学中包含着一些"概念资料"（conceptual resources），而这些"概念资料"能为科学研究提供基本的研究视角和理论基础。即使是帕翠西娅·丘奇兰德（Patricia S. Churchland）这样的取消论者也不得不承认，任何研究心灵与大脑的科学，包括神经科学，在一开始时都需要使用常识的概念。[1]美国加州大学的著名科学家本杰明·李别特（Benjamin Libet）在"将意识经验与无意识精神机能区分开来的大脑皮层过程"一文中提出了一个重要原则，这个原则认为，外部观察者不能直接亲知有意识的主观经验，只有具有这种经验的个体才能直接亲知。因此，受试者的内省报告对于这种经验来说，具有第一位的有效性。常识心理学的这些观点对儿童心理理论研究方法产生了深远影响。如果在儿童心理的研究过程中只是切割某些片段，对其进行静态的、孤立的、剥离情境的考察，显然会舍弃很多有价值的东西。它要求研究者在不干预研究情境的情况下，深入到被研究对象所处的环境中，从被研究者的角度出发，尽可能接近、理解被研究者，从长期的自然情境中获得相关的知识。

4. 心理理论研究结果的"社会应用性"

常识话语形态的心理学虽然只是一种心理学形态，但是也有自己的关注对象和生存空间。常识话语形态的心理学就内在于心理生活。心理生活是人的内心最直接体验到的现实。心理生活又不仅仅是表征和镜像，或者说"镜像隐喻"——英国哲学家洛克以及德国哲学家康德等人都将人的心灵比喻成一面镜子，作为镜子的心灵在如实地反映世界。这是因为每一个社会个体都不仅是自身心理生活的被动体验者，而且也是自身心理生活的主动解释者和构造者。人的心理生活不仅是被动的"觉"的过程，而且是一个"自觉"的过程和主动的建构过程。心理生活的体验和主动构筑离不开日常生活，心理生活就内在于日常生活之中。离开了日常生活，心理生活就成了无源之水。[2]常识话语形态的心理学关注的对象是心理的生活，关注心理生活的价值、意义、问题。儿童作为整个社会关系的一员，在从一个"自然人"向"社会人"的转化过程中心理理论发挥着极其重要的作用。可以说，它的发展对儿童社会认知、社会行为的发

---

〔1〕 P.M., Churchland, P.S., Churchland, *On the Contrary*: *Critical Essays* (1987-1997), Cambridge, Mass: MIT Press, 1998, p.3.

〔2〕 叶浩生："第二次认知革命与社会建构论的产生"，载《心理科学进展》2003年第1期。

展水平等都具有决定意义。儿童来到世界上之后首先接触的是生活世界，生活世界的意义是他（她）一切科学认识的基础与前提，同时也是他（她）作为一个社会人、而不是自然人存在的必要条件。所以，儿童心理理论的研究目的就是为了更好地把握儿童社会认知发展的过程及规律，从而为儿童社会性发展提供指导。

三、常识心理学对儿童心理理论研究趋势的影响

（一）常识心理学的历史性启示儿童心理理论纵向研究的毕生研究趋向

常识心理学是常人探索自己生活的依据。普通人正是通过常识心理学来考察自己和他人的心理行为。常识心理学最为重要的特征就是普通人试图追踪日常生活中人的心理行为的原因。这包括在日常生活中去推测或者推断人的打算、人的意图、人的思考、人的动因、人的感受、人的规划，等等。这会使周围人的行为变得可以理解，可以掌握。常识心理学并不是一成不变的，与个体的生活体验、生活经历，与共同体的共同目标、共同生活一起变化。所以，常识心理学总是伴随着人而不断地在演变。儿童在某一阶段所具有的不同于其他阶段的精神形式和精神内容，就构成这一阶段独有的儿童精神形态。心理发展不同阶段的儿童对环境的要求和与环境相互作用的方式有着本质的不同。心理理论的研究主要集中在学前儿童，随着研究的不断深入，研究者们应该把眼光投向人的生命全程。库恩明确主张把心理理论研究和认识发生理解的研究结合起来，提出了心理理论的毕生发展观点，认为心理理论的发展是一个毕生的任务。[1]目前国内仅有极少量研究尝试探索 6 岁后儿童、青少年乃至成人的心理理论的发展。所以心理理论的毕生发展方面的研究有很大的发展空间，但尚需大量实证研究去探讨学龄期或成人个体心理理论能力的发生发展机制。

---

[1] Kuhn, D., "Theory of mind, metacognition, and reasoning: A life-span perspective", In: Mitchill, P., Riggs, K. J., (ed.), *Children's Reasoning and the Mind*, Psychology Press, 2000, pp. 301~326.

（二）常识心理学的文化性启示儿童心理理论的横向研究应注重
　　差异性研究

常识心理学的一个突出特征就是其文化线索。人类的心理行为
不仅具有人类共有的性质和特点，而且具有文化特有的性质和特点。
"不同的文化圈产生和延续的是独特的心理文化，那么，特定文化圈
拥有的心理文化就会与其他文化圈拥有的心理文化存在着很大的差别。
这表现在心理行为上的差异，也表现在心理学性质上的差异。"[1]
常识心理学主要面向心理生活，而任何一种心理生活就其内容、形
态而言无不是基于一定文化的。不同的文化背景会形成人们不同的
心理生活和心理文化，因此也就形成了不同形态的常识话语形态的
心理学。

在不同的文化背景下，人们对心理状态的认识不同。人类学的
研究发现，有些种族在日常交流中避免使用一些表示心理状态的词
语（如情感、认知、人格、行为等），不愿意谈论自己和他人的心理
状态和行为。巴奇和韦尔曼认为，儿童理解心理状态的能力是一致
的，但在不同背景下，不同种族对心理所形成的认识是不同的。纵
观前人的研究可以得出，儿童的心理发展具有跨文化的一致性，即
不同文化背景下的儿童均在早期就能够理解心理状态（如情感、信
念等），但由于受文化背景、风俗习惯、语言和种族的影响，他们对
于心理的认识和表达方式不同。因此，儿童心理理论的横向研究应
注重差异性研究。

（三）常识心理学的不可言说性和价值性启示儿童心理理论研究
　　范式的生态化取向

常识心理学抛弃了对心理行为的形式化解释，避免用抽象的原
则来替代现实的关系。理解不是解释或说明，关注事实本身，即事
实在具体情景中的意义。常识心理学追求的是具体情境的、受社会
历史文化因素制约的实践领域的知识。这些知识虽然在情境类似的
时候也可有一定的迁移，但总体说来是特殊的、与情境密切关联的

---

〔1〕 葛鲁嘉：《心理文化论要——中西心理学传统跨文化解析》，辽宁师范大学出版
社 1995 年版，第 28~29 页。

知识。常识心理学"不包含规律,不支持因果关联……它的中心目标是规范化而不是描述"〔1〕。所以,儿童心理理论的研究要注意摆脱一元论、唯理论,注重儿童心理发展的生物学本性和人的内在经验世界,设计更生态化的研究范式。

关于儿童心理理论影响因素研究可以分为两方面:一方面是外在环境因素,主要是包括家庭与社会;另一方面是内在个体因素,主要包括儿童已有的心理能力,如社会交往、语言等。从 20 世纪 70 年代开始,发展心理学研究逐渐重视生态化(ecological)的研究取向,其强调的是在真实的自然与社会生态环境中研究心理特点及规律的倾向。因此,在研究个体的心理发展时,一方面需要从个体自身心理系统的变化去探讨,另一方面还需要注重将这一心理系统置于个体之间、其所属群体之间的关系中加以考虑。由于生态化趋势既强调研究的真实性,又重视其严密性,即同时强调研究的内部效度和外部效度,对环境中各因素的控制较少,综合考察现实中各因素的作用,所以心理理论研究应进一步拓展研究设计和技术手段,并以生物生态理论模型来建构实证的研究模式。如以非等组的比较组设计、间隔时间序列设计、重复处理实验设计和轮组设计为主的准实验设计,以更精细、准确的仪器观察和记录现实生活中研究对象的行为表现及与周围环境的相互作用,且重视多因素设计和分析的方法。此外,生态化趋势也要求研究者对心理理论研究的外在效度的重视,从而使得心理理论的研究成果更能突破实验室研究方法的局限,拓宽研究范围,更有助于研究个体心理发展与环境之间的关系。

第二节　进化心理学

一、进化心理学的基本假设

进化心理学是在广义进化论和社会生物学的基础上发展起来的。

---

〔1〕　P. M., Churchland, "Folk psychology and the explanation of human behavior. In Christensen", S. M., Turner, D. R., *Folk Psychology and the Philosophy of Mind*, Lawrence Erlbaum Associates, 1993, p. 247.

1975 年威尔逊的著作《社会生物学——新的综合》出版，在该书的最后一章，威尔逊试图说明人类社会和其他动物一样，遵从同样的生物法则。但限于当时的研究水平，没有足够的证据说明人类心灵与进化论的关系，导致众多的质疑。在此背景下， 一些科学家研究用进化论来揭示人类心灵的起源，解释人类的精神现象，这门学科在 20 世纪 80 年代末开始逐渐成熟，被称为进化心理学。进化心理学认为，人是由生理和心理两部分构成的有机整体，人的生理和心理机制都应受进化规律制约。心理是人类在解决生存和繁殖问题的过程中演化形成的，科学的进化论应该成为心理学研究的一个重要理论依据。

近十年来，进化心理学不仅在心理学界异军突起，声势浩大，而且在跨学科的"认知科学"旗帜下不断发展，影响范围日益扩大。进化心理学尝试运用进化论的思想对人的心理起源和本质及一些社会现象进行深入的研究。目前，心理学家们对于该理论褒贬不一，但该理论在一定程度上整合了生物学和心理学的研究成果，为现代心理学探究心理发生的机制以及人类本质的深层结构提供了可检验的解释，促进了心理学特别是认知和发展心理学的发展。归纳前人的研究成果，进化心理学的核心思想主要体现在以下四个方面：

（一）"过去"是理解心理机制的关键

进化心理学强调"过去是了解现在的关键"[1]，即要充分理解人的心理现象就必须了解这些心理现象的起源和适应功能。这里所说的"过去"具有特定含义，对进化心理学学者而言，它是指人类漫长的种系进化史。在人类进化过程中，"过去"不仅在个体的身体和生存策略方面刻下了深刻的烙印，同样也在人的心理和相互作用策略方面留下印记，成为探索心理机制的基础。人是通过几百万年的自然选择作用以目前形式存在的一种有组织的结构。人的存在并且以这种样式存在是长期的、没有间断的、解决了进化中生存和繁殖两大问题的结果。因此，人体结构及其心理机制，可根据进化过

---

〔1〕 Tooby, J., Cosmides, L., "The past explain the present: emotional adaptions and the structure of ancestral environments", *Ethology and Sociology*, 1990, (11), p. 375.

程中需要解决的问题加以分析，可在进化史中找到根据。探索人的心理起源虽然存在许多障碍，但并不是不可能的。今天活着的每一个人都是进化的产物，是保存完好的"活化石"，能帮助我们了解祖先的过去，能从中找到进化在现代人身上留下的印痕。[1]

（二）人的心理也是适应的产物

人是适应的产物，是自然选择的结果。"适应是演化形成的解决问题的方法。"人的某种特征之所以存在是因为它能够可靠地、有效地、经济地、精确地解决某种适应问题，这在身体结构方面表现最为明显。进化心理学认为，人的心理也是适应的产物，某种心理之所以存在是因为它能解决适应问题。不理解心理现象的适应机制，就很难对心理现象有充分的了解。心理学的中心任务就是去发现、描述或解释人的心理机制，而确定、描述和解释心理机制的主要方法是功能分析。进一步说，心理机制是解决问题过程中的演化物。

（三）生存和繁衍是人类心理形成和发展的动力

达尔文认为，进化过程中最基本的问题便是生存和繁衍。物种在生存和繁衍的过程中，会面临自然环境的威胁，如恶劣的气候、弱肉强食的竞争环境和食物匮乏等。人们在解决生存和繁衍问题的过程中，演化形成了一些解决问题的心理机制，如害怕陌生人、怕蛇等，这对于人的生存具有重要的作用。不过，从进化角度看，繁殖后代只是一个前提，生存更为重要，人的许多生理和心理机制都是在解决这些与此有关的问题的过程中演化形成的。种属的繁殖与生存，必须解决一系列问题。例如，成功地与同性竞争，战胜别人，获得自己喜欢的配偶；在潜在配偶中进行选择，选择对于个人成功价值最大的配偶；必要的性行为，遗传其基因；进行一些必要的亲本投入，确保后代的生存和发展；对与自己基因相关的亲戚进行额外的亲本投入等。因此，心理学家必须了解人类在适应环境中面临的这些问题，以确定和探索它们在演化过程中形成的心理（认知、情感、行为）。另外，由于个体的生存和繁殖对种属的存续、发展非

---

〔1〕 David Buss, *Evolutionary psychology: the new science of psychology*, Allyn&Bacon, 1999, pp. 3~10.

常关键，更由于个体存续、发展要依存于诸多社会关系，所以，在此基础上演化形成的心理机制在性质上必然具有许多重要的社会特征。

（四）心理机制具有模块性

主流心理学的一个内隐的观点是，心理机制具有普遍意义，心理机制在不同领域以本质上相同的方式进行操作，所有心理现象的出现都是由一个或几个简单机制作用的结果。而进化心理学则认为，心理机制是由大量的、功能上不同的、解决某些适应问题的复杂机制构成的。福多（J. A. Fodor）把这些特殊的机制称作"模块"或特定范围的认知程序。一个领域的认知和情感操作机制与另一个领域的认知、情感操作机制是不同的。[1]例如，在人际关系方面，关系的背叛随着关系性质的不同而不同。与配偶之外的人发生性关系背叛了夫妻关系但不会损坏与别人的友谊关系；缺乏互惠违反了友谊关系但不违背母子关系。由于解决适应问题的性质不同，不同关系领域有不同的心理操作和程序。麦斯考茨把心理机制隐喻为"瑞士军刀"，它包括不同的工具，每一个都能有效完成某个任务。人的心理也是由一些认知工具装配而成的，每种心理都有特定的功能，当然，特定范围的机制的存在并不排除性质上更一般意义的机制存在。[2]不过，高层次执行机制本身也有特定范围，它们的特定功能是去命令、安排或监视其他心理机制的操作。人类的心理机制在数量和复杂性方面超过其他物种，正是因为社会复杂的相互作用造成的。[3]

以上四点是进化心理学的核心思想。进化心理学在近些年的发展相当迅速，被称为继精神分析、行为主义和认知主义之后的又一个新范式。与之相应的是，近年来，心理学对心理理论的研究也很热，在各种关于心理理论的理论解释中基于进化心理学的理论模型

〔1〕 熊哲宏、李其维："'达尔文模块'与认知的'瑞士军刀'模型"，载《心理科学》2002年第2期。

〔2〕 朱新秤、焦书兰："进化社会心理学的理论、研究及其意义"，载《华中理工大学学报（社会科学版）》1999年第2期。

〔3〕 许波、车文博："当代心理学发展的一种新取向——进化心理学"，载《心理科学》2004年第1期。

最为完整。下面，本文将从进化心理学的假设出发探讨心理理论的意义。

二、进化心理学视野下的心理理论

（一）心理理论就是群体生活形成选择压力的结果

前面已经提到，进化心理学强调"过去是了解现在的关键"，即人类所获得的所有心理能力都是自然选择的结果。也就是说，人类的每一种心理能力都可以解释为是为了应对事关个体或种族生存的问题而进化出来的特定能力。因此，对于心理学家而言，要研究人类的某种心理机能，就必须反本溯源的去追究人类所面临的基本生存问题。而人类在长期的进化过程中所面临的问题无非以下两类：一类是对物理环境的适应问题；另一类是对社会环境的适应问题。

在人类的进化过程中，对外界物理环境的适应形成了人的朴素物理观。这是一种对所有物质对象进行识别、分类，把握环境的空间感、环境中对象的位置、距离等的心理能力，这些能力关系到人的渔猎采集、选择住所以及躲避威胁等。总之，它是人认识外在自然环境、获得生存和发展的最基本保障。而对社会环境的适应问题对应的心理能力可以概括为朴素心理观，它关系到人与人之间的交往和合作，是人类活动的社会性的前提，涉及对他人心理意图、需要以及情绪等心理状态的猜测和判断，这即形成了人的对自己和他人心理状态的直觉认识的朴素心理观。朴素心理观的产生与发展与群居生活密切相关，因为从进化的观点看，个人对抗恶劣环境和猛兽侵袭的能力较弱，而群居生活却可以使个体通过集体活动获得更多的生存和繁殖机会。例如，集体狩猎会比个人单独狩猎收获更多。然而，集体行动也会带来如劳动分工、食物分配不均和作弊等问题，这些与合作或竞争相关的问题会对人类形成选择压力。在与社会环境发生相互作用的过程中，如果个体能够理解他人的行为、意图和信念，个体就能获得更多的生存和繁殖机会。能够理解他人心理状态的个体具有巨大的生存优势，这些优势包括能更好地与他人合作、影响和控制他人的行为以及防止被他人欺骗。[1]因此，朴素心理观就是心理理论，心理理论就是群体生活形成选择压力的结果。

(二) 心理理论具有模块性

从个体发展的角度讲，儿童对周围物理环境的适应是以空间感为基础的，而对社会环境的适应是以对自身生理和心理满意或愉快与否的体验作为基础的。我们可以想象，儿童的这两种适应能力可能在出生之前就已经具备了。当胎儿接近成熟时，他已经能够根据母体状况、甚至是外在环境状况的改变做出反射性动作，这说明这时胎儿的感觉能力已经相当发达。既然具有这样的感觉能力，他就能够感受到当母亲的体位发生改变时地心引力对他的作用的改变，以及子宫内壁对他的作用力的改变。这些体验就是儿童最初的空间感。这种空间感就是儿童最初的关于世界物理特征的概念性认识。在另一方面，当母体的心理状况发生改变时，其效果会以相应的生理状态的改变为中介影响到胎儿，胎儿会因此获得舒适或不舒适的感受。这种体验是胎儿最早的与他人的心理互动，它是儿童对人际互动的最初认识。因此，我们可以说，空间感是儿童的朴素物理观的基础，满意或愉快与否的体验是朴素心理观的基础。可以看出，进化心理学将心理理论看成人应对生存问题的基本心理能力之一。因此，它应该由一个独立的心理机制来实现，而不大可能是其他心理机制的次级结果。既然是一种由独立机制专司的机能，它就有可能通过遗传直接传递给后代，使得人一出生就具有了心理理论的潜质。当受到环境中适当刺激的激发，心理理论能力就会自动地表现出来并且这种表现具有固定的模式，较少受到其他环境因素的影响。在进化心理学中，心理理论被赋予了模块性的特征。

(三) 心理理论与错误信念的区分

心理理论是指对自己和他人的内在心理状态的认识能力，但是，错误信念任务一出现就成为心理理论的"石蕊试剂"，即检验儿童是否具备心理理论能力的标准。儿童能够通过错误信念任务就被视为

---

〔1〕 张雷等："朴素物理观和朴素心理观——进化心理学视角"，载《心理学探新》2006 年第 2 期。

具有了心理理论能力。儿童通过错误信念任务的临界年龄是 3 至 4岁，因此 3 至 4 岁也被看作是儿童心理理论能力发端的时间。在一些相关性研究中，错误信念任务成绩被当成心理理论的外显指标，这使得在一些场合，错误信念几乎成了心理理论的代名词。但实际上心理理论和错误信念是两个不同的理论概念，决不能把两者混为一谈。

第一，二者的内涵不同。基于进化心理学的视角可以将心理理论定义为：个体在某些基本观念，如满意或愉快与否的基础上对自己以及他人内在心理状态的认识能力。如前所述，这种能力很有可能在胎儿时期就已经体现出来了，它是一种先天的能力。心理理论的另一个特征是，它由一种专门心理机制来实现，而这种心理机制的运行规则是内隐的、非逻辑性的。因为外显的、逻辑的规则只能在意识通达的言语条件下才能产生。因此，当我们试图用外显的、逻辑的规则来解读心理理论的特征时，往往会产生误差。用错误信念范式来解读心理理论的过程中就存在这样的问题。许多相关研究都显示，儿童语言能力的发展和错误信念任务的成绩相关，而语言能力和心理理论能力的关系却不明朗。[1] 虽然有的研究者使用了非语言版本的错误信念范式，但结果没有明显差异，这说明错误信念任务实际上是在儿童的语言平台上展开的。错误信念任务要求儿童在某种既定的情景中判断另一个人的信念，这要求儿童能够理解这个情景中的各种关系。这个情景是成年人在自己的思维平台上设计出来的，其中包含的各种关系必然体现成年人的思维特征，这就是它必须符合言语规则，具有外显的逻辑结构。因此，无论在操作错误信念任务时是否需要儿童的外显语言表达，都要求儿童具有充分的语言能力，儿童的语言能力的发展水平是他能够理解错误信念任务中的思维规则的前提。

第二，二者的功能的不同。心理理论作为一种进化而来的能力，

---

〔1〕　Hughes, C., Leekam, S., "What are the Links Between Theory of Mind and Social Relations? Review, Reflection and New Directions for Studies of Typicaland Atypical Development", *Social Development*, 2004, 13（4）, pp. 590~619.

它应对的是个体遭遇到的真实的生存问题。在涉及个体生存、利益得失等具体的问题时，它被自动激活并做出反应，这种反应是非意识通达的。与之相反的是，错误信念对儿童来说只是一个问题解决的游戏，并且它需要意识通达。所以，它可能不足以激活心理理论机制的活动，因此，儿童有可能是利用其他认知能力，而不是利用心理理论机制来解决错误信念任务的。

第三，二者的发展过程不同。心理理论是个体所具有的连续发展的心理能力，而错误信念则是对这个发展过程中的一个临界点的检测和描述。由于地板效应，错误信念任务不能反映出 3 岁以前儿童心理理论能力的发展特征。有的研究者因此否认 3 岁以前的儿童具有心理理论能力，实际上把错误信念当成心理理论的操作性定义的标准，这种认识是对心理理论的狭隘理解。因为错误信念任务还有天花板效应，如果我们因为错误信念的地板效应否认 3 岁以前儿童的心理理论能力，那我们同样有理由根据天花板效应相信年龄稍大一点的儿童和成年人的心理理论能力是一样的。因此，错误信念可以是用作检测心理理论发展水平的一个重要标准，但是不能据此来定义心理理论。理论研究和一些间接的观察结果都显示，在错误信念可以检测的范围之外，儿童同样具有心理理论的能力。

第三节　认知建构论

美国著名人格心理学家凯利（Geoge Alexander Kelly，1905—1967 年）于 1955 年率先提出认知建构理论。这一理论从 20 世纪 60 年代以后迅速发展壮大起来，有关的研究成果和具体的应用也不断增多，成为当今心理学界一个富有生机的颇具影响力的体系。

凯利认为人是科学家，能适时地将关于经验的复杂信息纳入个人建构之中。人们所形成的个人建构是对发生在自己身上的自然和社会的环境中的事件的成功"模拟"，为了适应千变万化的世界，人们必须不断地重审和调适已有的建构。[1]

---

〔1〕　高峰强、綦延辉："个人建构理论形成与发展的历史透视"，载《山东师大学报（社会科学版）》1999 年第 3 期。

　　这一理论的核心概念便是建构（Constructs），所谓建构就是人们用来观察世界、洞悉世人的方式。凯利明确指出："人透过他们创造的一块块模型或样板来看世界，然后努力去配合组成世界的许多个真实面……我们可称这些试验的样板为建构，也就是个人用来解释世界的方法。"[1]具体说来，建构是人用来对事件加以整理分类、记下行为过程的一种观点和模式。在凯利看来，一个人用来预期事件的主要工具是个人建构，它被用以分析解释或说明经验，赋予经验以意义，或者对经验作出预言。他声称："在心理学意义上，个人的进程是由其预期事件的各种方式开辟途径的。"[2]亦即个体的各种活动（包括行为和思想等）在某些倾向上是受用以预期未来世界的各种个人建构指导和控制的。

　　在凯利那里，构念是在不断变化的，随着人们对事件的预测、人们的成长，以及环境的变化，人们的构念总是在发生变化。儿童时期形成的构念，到了成人时期就会发生很大的变化。例如童年时期对父母的构念与成人时期对父母的构念就有很大差异，随着年龄的变化，人们都在改变着对待父母的方式，其原因是他们的构念发生了变化。但一个人如果到了成人时还用儿童时期的父母构念时，就会出现依赖和敌对。

　　这一理论改变了将认知看作是一种纯理性活动的传统看法，使心理学中的认知概念更进一步接近于人的真实的思维活动，而不再是一种玄乎其玄的不着边际的东西。在凯利看来，所有人的建构、析解、评价、推理的企图都属于认知范畴，都是经验主义的。他认为所有对建构的运用和所有建构都是一种类型，似乎所有事物都可成为一个建构的本体论上的变体。他关于"人是科学家"的论断是指人的天性是通过基本的对话型方式体现的，人可以作出能动的有创造性的反应，由于凯利等人的努力，人类的认知现在看来要比哲学

---

　　〔1〕　Kelly, G. A., *The Psychology of Personal Construct*（Vols1 and 2），New York：Norton，1955，pp. 8~9.

　　〔2〕　Kelly, G. A., *The Psychology of Personal Construct*（Vols1 and 2），New York：Norton，1955，p. 46.

上所承认的更具有能动性、主观性和可变性。[1]个人建构论基本上对人类行为采取认知的看法，强调对认知结构的研究，深刻影响了现代认知心理学的发展。

心理理论的研究者把儿童看成是天然的心理学家，儿童在与环境尤其是周围的人际互动中逐渐建构起自己的心理理论，同时这一过程也是不断修正和发展的。尤其是作为对儿童心理理论发展的核心理论解释——理论论认为，儿童对心理的认识或理解本质上是像理论的，具有与一般科学理论同样的基本特征。理论论强调经验在塑造儿童心理理论发展中的作用，认为经验能为儿童提供其不能理解的心理状态的信息，这些信息最终致使儿童理解这种心理状态并修正和改进了已有的心理理论。而且，心理理论的发展不是儿童心理发展的一个特殊阶段，而是一个持续终身的过程。比如，弗里曼[2]认为作为心理理论的中介的心理表征具有可习得性，且没有迹象表明儿童在4岁时就已经获得了对他人心理推断的全部技能，也没有迹象表明心理理论发展到何种程度是终极，大多数研究者倾向于认为无论在人生的哪一个阶段，年幼儿童、青少年或成年，都会在推断他人心理方面出错，心理理论发展应是毕生的。这些观点是和凯利的认知建构论的一些主要思想是一致的，可以互相支持和验证。可以说，心理理论概念的提出和发展明显地受到现代各种认知思潮（包括凯利的认知建构论）的影响。

第四节 文化心理学

文化心理学自20世纪60年代以来取得了大量的研究成果，成为揭示和理解人类心理的独特视角。然而，关于文化心理学并没有一个统一和公认的定义。自诞生以来，文化心理学一直是作为一个含义模糊的领域而存在。文化心理学的基本主张在于，文化与心理

---

〔1〕 高峰强："凯利个人建构理论探析"，载《山东师大学报（社会科学版）》1997年第4期。

〔2〕 Freeman, N. H., "Communication and representation: Why mentalistic reasoning is a lifelong endeavour", In: Mitchill P., Riggs, K. J., ed., *Childrens Reasoning and the Mind*, Psychology Press, 2000, pp. 349~336.

是相互建构、相互生成的，认为文化是一种价值和意义系统，它既是人类心理和行为的结果，也是人类心理行为的资源，文化与心理是一体之两面，无法分割地联系在一起。[1]在某一种特定文化中，人们的行为、规范、习俗、传统与这种特定文化相联系，要理解这些东西的含义，就必须从人们生产、生活中的这种特定文化本身出发。[2]苛氏玛（Kashima）在《文化与人的概念》一文中指出："文化提供了物质与符号工具，人类正是通过文化去适应他们所处的生态环境与社会环境并建构关于世界与自我的观念。也就是说，遗传信息与文化信息交织在一起共同形成人的心理发展过程。"[3]事实上，人的心理与文化历史背景是相互建构的，人的心理是文化和环境共同塑造的结果，不同的文化和环境影响下的心理是不同的，要想对人的心理有完全、真实的认识，必须将人置于具体的文化和环境之下。现代科学的发展为心理学的发展奠定了思维模式。自工业革命以来，科技在人类的发展中所起的作用是无可替代的。受科技的影响，传统心理学尤其是主流心理学，似乎把人看成是一种没有思想、没有灵魂、生活于与世隔绝的环境中的冷血动物。传统科技人文精神的丧失，使得人类对未来的生存提出了质疑，认识到现代科技的发展要注重人文关怀，注重生态系统。对生命系统、社会系统、心理系统、生态系统这些"活系统"的研究，促成了心理学家从原子论的思维向整合思维转变。

不同文化环境的心理理论发展有相同之处，也有不同之处。心理理论的跨文化研究强调社会文化经验在心理知识发展中的作用，认为儿童在自己的文化环境中学习解释人类行为的方法。布朗劳布伦纳（Bronfenbrenner）的生态系统论[4]认为，微观系统（如家庭微系）和宏观系统（如文化宏系统）互相嵌套，他们共同构成一

---

〔1〕 田浩："文化心理学的方法论困境与出路"，载《心理学探新》2005 年第 4 期。

〔2〕 叶浩生："试析现代西方心理学的文化转向"，载《心理学报》2001 年第 3 期。

〔3〕 麻彦坤："当代心理学文化转向的动因及其方法论意义"，载《国外社会科学》2004 年第 1 期。

〔4〕 Bronfenbrenner, U., "Contexts of child rearing: Problems and prospects", *Am Psychol*, 1979, 34, pp. 844~850.

个互相联系、互相影响的大系统，个体的发展受到它们的共同影响。可是已有研究更多地侧重于微观系统——尤其是家庭微系统而相对忽视宏观文化背景对个体 ToM 发展的影响。那么，由此衍生的一系列疑问是：ToM 的发展机制是否具文化特异性？ToM 发展的文化特异性表现在哪些方面？哪些因素与这种文化特异现象相关？为解答以上疑问，研究者开展了一系列的跨文化研究，并且取得了一定的成果。

已有研究发现，儿童心理理论的发展存在跨文化差异，不同文化下的个体受语言、生活环境、社会习俗等方面的影响，人们对心理状态的认识和表达方式有所不同。西方文化特别强调个性，特别注重自由和独立，喜欢直接表达自己的情绪和感受，而不注重他人对自己的评价和议论；东方文化强调"和为贵"，注重人际和谐，要求个人要宽容大度、隐忍有内涵，但不鼓励个人直接表露自己的真实想法与情绪。这导致了东西方的教养方式以及传承的文化理念等方面的差异。文化对儿童 ToM 的塑造作用体现为两个层面：一是表层方面。体现为儿童理解不同心理状态的起始年龄和先后顺序存在跨文化差异；二是深层方面。体现为东西方文化下儿童 ToM 的发展经历不同的道路。如张文新等人的研究表明，我国儿童对二级错误信念的理解相对较晚；[1]利拉德（Lillard）等人发现在美国农村和城市儿童内部也存在文化差异，城市儿童用心理理论解释人的行为且出现得早，而农村儿童大部分趋向于用情境解释人的行为。[2]有关内隐人格理论的跨文化研究发现，当要求对人的行为的原因进行解释时，东亚人更倾向注重情境因素对人的行为的影响，而西方人则倾向于注重行为者自身因素对行为的作用。

心理理论研究者测查了发展中三种不同的差异：文化内、文化间和种间。这为心理理论的研究打开了一扇更广阔的窗。

文化内差异：有关文化内差异方面的研究已得到一个共识，即

---

〔1〕 张文新等："3~6 岁儿童二级错误信念认知的发展"，载《心理学报》2004 年第 3 期。

〔2〕 Lillard, "A. Ethnopsychologies: Cultural variations in theories of mind", *Psychological Bulletin*, 1998, 123（1）, pp. 31~32.

社会经验促进了"心理理论"的发展。研究证明，生活在不同环境下的儿童由于其社会经验不同，其"心理理论"发展也有差异。这方面的研究很多。最惊人的文化内差异是，无论用什么方法，都发现自闭症儿童在心理理论发展方面的显著缺乏。德韦克（Dweck）等的文献证明人们关于智力和其他人的特征的固有看法上有显著的个体差异。在人格心理学、社会心理学、社会认知理论中，同样描述了许多正常成人关于自己和其他人的不同认知均来自他们朴素的理论和知识。当然，心理学家和其他科学家对同一年龄人的认知与人格的特点持有不同的见解。例如，斯金纳和弗洛伊德的心理学观点就有很大的差异。

文化间差异：研究者们同样开始探询心理理论发展领域是否具有跨文化的一致性。似乎在理解一些基本的心灵主义方面可以观察到婴儿和非常年幼的儿童可能具有普遍性。某些发展的顺序可能具有跨文化的一致性：在一个非常严谨的研究中塔迪夫和韦尔曼（Tardif，Wellman）指出中国和美国儿童获得基本的愿望和信念观念在顺序上是相同的。[1]然而，在稍后的发展中有一些跨文化的变化特点。例如，某些文化中的语言编码心理状态就比另外一些文化中更丰富，某些文化更鼓励心理的思考和交流。随着经济全球化的不断发展，各国各民族之间的文化交流越来越频繁，不同民族、不同国家之间的交流与合作成为大势所趋。在经济全球化的过程中，东西方文化不断碰撞与交融，东西方育儿理念和教育观念不断融合、互相渗透。2017年对北京、香港和洛杉矶三地华人母亲的对比研究发现：三地华人母亲的教养方式存在显著差异，其中香港母亲对子女的心理控制最高而支持自主最低。[2]

种间差异：这在新近的比较心理学文献上是一个活跃的话题，其他的灵长类动物，尤其是黑猩猩是否也显示出一些信念的心理理

〔1〕 Tardif, T., Wellman, "H. M. Acquisition of mental state language in Mandarin and Cantonese-speaking children", *Developmental Psychology*, 2000, (36), pp. 25~43.

〔2〕 Fung, J., Kim, J. J., Jin, J., et al., "Perceived social change, parental control, and family relations: A comparison of chinese families in HongKong, Mainland China, and the United States", *Front Psychol*, 2017, 8, p. 1671.

论的知识。波维内丽和冯克（*Vonk*）[1]认为人有心理理论，而黑猩猩没有心理理论。相反，托马塞洛（Tomasello）等[2]辩论说黑猩猩能够了解一些心理状态。尽管双方实验室就这个问题都完成了相当精巧的实验和辩论，但至今仍然不清楚非人类的灵长类动物是怎样正确理解心理领域知识的。

〔1〕 Povinelli, D. J., Vonk, J., "Chimpanzee minds: Suspiciously human?", *Trends in Cognitive Sciences*, 2003, (7), pp. 157~160.

〔2〕 Tomasello, M., Haberl, K., "Understanding attention: 12 and 18-month-olds know what is new for other persons", *Developmental Psychology*, 2003, (39), pp. 906~912.

在实际研究中,如何解释儿童心理理论的这些变化成为研究的焦点,它需要研究者解答以下两类问题:第一,不同年龄儿童理解的心理含义是什么?这种理解是如何发展的?第二,儿童心理理论背后包含哪些知识?如何解释这一理论的起源和变化?很显然,儿童对心理的认知与对客观事物的认知密切相关,儿童早期的心理理论在很大程度上受制于客体认知,因此主观变化的心理状态也是相对"机械的"。同时,幼儿很早就认识到这种认知实体与其他客观实物不同,两者差异性的认知随年龄增长而变化。围绕上述两类问题的解决构成了解释"心理理论"的各种理论。

第一节 心理理论发展的主要模型

心理学家们围绕儿童心理理论的产生方式,提出了几种不同的理论模型来解释儿童心理理论的产生与发展,主要有如下几种:

一、理论论 (Theory Theory)

(一) 理论论的基本内涵

理论论认为人们的心理知识逐渐形成一个像理论一样的知识体系,并根据这个理论解释和预测人的行为,但它并不是一个真正的科学理论,而是一个日常"框架的"或"基础的"理论。该理论基于这样一种假设:儿童预先并没有关于自己和他人心理状态的知识,如同科学理论形成的过程一样,儿童也是通过建构逐渐发展出一套用以解释和预测自己和他人的心理状态的理论,即心理理论。正如科学理论所具有的指导意义一样,儿童也能在这一理论的指导下解释和预测人的行为。即儿童对心理的认识或理解本质上是像理论的，具有与一般科学理论同样的基本特征。理论论的代表人物主要有弗拉维尔、韦尔曼、高普尼克、佩尔奈、阿斯廷顿等。虽然在个人观点上略有差异，但是他们都赞同直觉的常识心理学可描述为某种直觉理论，因为它是以本体论的约定为基础的（即针对所谓的心理实体和过程而言的），这种直觉理论由一个具有内在一致性的概念系统构成，这些概念就像理论术语一样在日常的行为预测和行为解释中发挥重要作用。

（二）韦尔曼和佩尔奈的不同理论建构观

理论论者认为，在社会互动中习得的信息对于理论变化过程的发生十分关键，但是对于概念变化背后有何类型的作用机制，不同研究者有不同的表述方式，其中最典型的解释或许是韦尔曼（1990年）的"信念—愿望心理学"解释和佩尔奈（1991年）的表征理论解释。

理论论最著名的代表人物韦尔曼等人指出，儿童心理理论发展要经历几个概念变化的阶段：儿童在2岁左右形成"愿望心理学"（Desire Psychology），认识到他人是有愿望的，并且正是这些愿望影响着人的行为，如儿童将简单的愿望、情绪和知觉等心理状态，通过想要、害怕和看到而与外在客体相联系。在3岁左右，儿童获得了"愿望—信念心理学"（Desire-belief Psychology），儿童将信念和想法加入到愿望中，似乎认识到信念是心理表征，既可能是正确的也可能是错误的，不同人之间可以是互相不同的。但是，这时的儿童仍然继续按照愿望而不是信念来解释行为。在4岁左右，当儿童认识到个人关于世界的信念是对世界的一种解释，而不是对世界的简单"拷贝"，并且这种解释可以不符合现实世界的状态时，他们就获得了"信念—愿望心理学"（Belief-desire Psychology），此时儿童认为人们更多是以自己的信念来理解和表征事物的。[1]

然而按照佩尔奈的观点，儿童的直觉理论经历了从情境理论到

---

〔1〕 Bartsch, K, Wellman, H. M., *Children talk about the mind*, Oxfor, UK: Oxford University Press, 1995, pp. 143~145.

表征理论的发展变化。[1]佩尔奈认为，一种表征方式（如信念）是以一种确定的方式表征某些东西，例如在错误信念的任务中，马克西（Maxi）以一种确定的方式表征巧克力，认为巧克力在 A 位置，而实际上在 B 位置。要理解马克西所进行的表征的能力，就必须明白所要表征的与所表征的两者之间的区别，只有掌握了这一区别，我们才能说儿童理解了心理的表征特征。儿童把信念看成是对世界的复制时，并不能认为儿童对心理的表征特征有了认识。将信念作为表征来看待，的确包含有个体以特定方式表征的世界意义，但佩尔奈认为在日常生活中的大部分时间我们并没有这样做，事实上，我们常常在根本不考虑表征的状况下谈及"信念"或"想法"等词。如"玛莉认为猫在花园里"，佩尔奈认为这时我们不需要考虑玛莉以何种表征一个特定的情境，我们所需做的是将她与某一情境（此例中为一只猫在一个花园里）联系起来。可以简单地把"认为"看作将人与特定的关于情境的想法（真实的或虚构的）联系起来的活动，除非是在特定的氛围下，并不需要将其看成是一个表征活动。

　　基于有关儿童认识发展的研究，佩尔奈认为心理理论发展存在两个明晰的发展阶段。大约在 4 岁时，儿童开始能够理解知识、信念、意图、知觉与真实世界间的因果关系，知道这些心理状态能够以特定的方式表征世界；而在此之前，2 至 3 岁的儿童只是简单地将知识、想法、知觉及意图理解为与个体相关联的世界（真实的或假想的）中的情境，他们还不能将这些心理状态理解为表征。

　　佩尔奈的理论也受到了一些批评。人们发现，4 岁儿童甚或成人很可能并不总是基于某种明确的概念认识（如命题、事实或表征），来进行关于人类行为的预测或解释。一些经验研究也证明，即使拥有表征理论的幼儿，其表征认识中似乎也存在严重局限。为此，佩尔奈（2000 年）进一步提出，构成我们心理认识之基础的是关于表征概念的某种内隐的或许是概念水平以下（sub-conceptual）的认

　　[1]　Wimmer, H., Perner, J., "Beliefs about beliefs: Representation and constraining function of wrong beliefs in young children's understanding of deception", *Cognition*, 1983, (13), pp. 103~128.

识，而不是高度明确的认识。

(三) 佩尔奈的理论与韦尔曼理论的区别

我们将佩尔奈的两阶段发展图式与韦尔曼的三阶段发展图式进行比较 (见表4-1)，可以看到两者之间存在的一些区别。

表4-1　韦尔曼和佩尔奈的发展阶段比较

韦尔曼	佩尔奈
1. 愿望心理学 (2岁)	1. 行为的情境理论 (18个月以上)
2. 愿望—信念心理学 (3岁)	
3. 既是解释又是表征的信念 (4至6岁)	2. 表征的心理理论 (4至5岁)

韦尔曼提出，3岁儿童一旦有了"想法"的观念，在一定程度上可算作表征的认识。然而，由于3岁儿童只能将信念理解为对现实的复制，因此这还不是严格意义上的对表征的认识。在4岁时这一认识发生了变化，儿童变得能够将表征理解为对世界的解释，这不仅反映在他们对信念之表征性的认识上，而且体现在他们对诸如知觉和意图等其他心理状态的认识上，及将心理视为一个主动的信息处理器等方面。因此，韦尔曼的第一、第二阶段可合并入佩尔奈的第一阶段。在佩尔奈的解释中，思考 (信念) 只是在特殊的情况下才被理解为表征的，而在多数情况下其可被视为情境。

总之，理论论者认为，某一年龄儿童可利用一种内聚性的概念框架预测和解释人的心理和行为，这种心理认识的发展机制是一种"理论形成"的过程，遵守着任何科学理论建构同样的过程，是经验促成了儿童心理理论的发展，经验为儿童提供其不能理解的心理状态的信息，当经验反复提供给儿童不能用当前心理理论解释的信息时，这些信息迫使儿童修正并改进了他们已有的心理理论，最终致使儿童理解这种心理状态。

二、模拟理论 (Simulation Theory)

当前模拟论的主要代表人物是哈瑞斯 (P. Harris)、戈登和戈罗德曼 (GA. Glodman)。模拟论强调心理模仿过程在获取社会认知知识与技能中的重要性，它和理论论一样，也强调经验的塑造作用。

从常识心理学（Folk Psychology）出发，模拟论者认为我们享有通达或存取我们自己心理状态的特权。我们似乎仅仅是"在线的"（on-line）体验心理状态，并通过一种"类比"的过程来解释他人的思想和行动，而无须所谓"理论"的东西参与其中。简言之，理论论主张儿童是从"第三人称视角"探索自己和他人心理问题的，而模拟论则强调"第一人称意识"的至关重要性。根据模拟论的基本假设，我们是通过"设身处地"的方法来表征他人心理状态的：即我们是利用自己在该情景中可能出现的心理状态来追踪和匹配他人心理状态的。因此，我们通过内省来认识自己的心理，然后通过激活过程（就是把儿童自己放在他人的位置上，从而体验他人的心理活动或状态）把这些有关心理状态的知识概化到他人身上。儿童发展的是一种越来越精确的拟化能力。

模拟论的代表人物哈瑞斯提出，模拟是一种"内部建立的特殊化机制"起作用的结果。人类具有一种在发展早期就被启动的"内部建立的特殊化机制"，使得婴儿能从事像参与共同注意或者体验与他人共有情绪那样的主体间活动。在第二年，儿童便开始理解像情感或知觉这样的意向状态是指向世界中特定目标的，这为儿童"模拟"他人与目标客体的意向关系奠定了基础。[1]因此，模拟论者认为，儿童需要做的一切仅仅是想象，想象着他们正在体验他人具有的信念和愿望，因而他们不必企求于一种理论框架来解释和预测行为。随着儿童想象能力的提高，他们能够根据自己对世界的知识进行回想，以便模拟那些与自己的心理状态不相似的心理状态。戈登则认为，心理理论是在自我意识形成的基础上通过移情能力而获得的。即儿童是通过内省来认识自己的心理，然后通过激活过程把这些有关心理状态的知识概化到他人身上。激活过程就是指儿童把自己放在他人的位置上，从而体验他人的心理活动状态。[2]

─────────────

〔1〕 Harris, P. L., "From simulation to folk psychology: the case for development", *Mind and Language*, 1992,（7）, pp. 120~144.

〔2〕 Gordon, R., "Folk Psychology as Stimulation", In Davies M, Stone T.（Eds.）, *Folk psychology*, Cambridge, Mass: Blackwell, 2002, pp. 46~52.

哈瑞斯认为儿童对他人心理状态的认识部分地来源于他们的假装游戏。在 2 岁至 2 岁半之间，儿童开始利用他们的想象赋予玩具娃娃以愿望、情绪和感觉。戈登认为："4 岁或 5 岁的正常儿童预测他人行为的能力得到了明显的提高。这些儿童已经形成了这样的能力，即能考虑到别人不可能知道的东西。他能预测行为的错误。"由此戈登得出结论说："只有那些能完成假装游戏的儿童才能把握信念概念"，他称这种能力为"实践推理"[1]。一旦在模仿过程中得到了这种实践推理的能力，即使我们不能够说出我们预测的是什么，为什么能预测，我们也能根据我们自己的模仿来预测他人的行为了。

正如哈瑞斯和佩尔奈所指出的，模拟论令人想起 20 世纪六七十年代所提出的社会角色采择和儿童自我中心等概念。模拟论和理论论的区别在于两者对自己和他人心理状态的认识之间发展关系的预期。模拟论预测儿童能直接通达自己的心理状态，而在推测他人的心理状态时则存在困难；理论论则预测个体将在大致相同时间开始认识自己和他人的心理状态，因为两者均以同一概念系统为基础。也有一些学者反对模拟论。例如丘奇兰德（1991 年）认为，即使是认识自己，人们首先也需要一个概念框架（即早已有一个理论）。佩尔奈（1991 年）也认为"模拟"并不是心理认识的首要机制，在拟化出现之前理论化的认识便已经存在。许多经验证据似乎也更倾向于支持理论观，例如 3 岁幼儿既难以表征自己的错误信念，也难以表征他人的错误信念。[2]而且佩尔奈等人认为，理论论通过区分出一阶和二阶信念并加以解释的那些研究发现，似乎也难以为模拟理论所解释（Perner, Howes, 1992 年）。这些结果似乎与拟化观的预期不一致。没有多少证据表明，对自我的心理内容的认识的发展先于对他人心理内容的认识（Miller, 2000 年；Wellman et al., 2001 年）。

---

〔1〕 Gordon, R., "Folk Psychology as Stimulation", In Davies M, Stone, T., (Eds.), *Folk psychology*, Cambridge, Mass: Blackwell, 2002, pp. 68~81.

〔2〕 Gopnik, A., Astington, "J. W. Children's understanding of Representational Change and Its Relation to the Understanding of False Belief and the Appearance-reality Distinction", *Child Development*, 1988, （59）, pp. 26~37.

三、模块理论（Modularity Theory）

1983 年福多出版了《心理模块性》一书，标志着当代模块心理学的复苏。福多认为要解释人类心理活动就必须提出许多完全不同的心理机能。我们首先要研究每种假定官能的特性，然后再研究它们的互动方式，从而对可观察的行为进行解释。[1]其中，知觉过程作为输入系统具有与高级认知过程不同的特点，应作为独立的系统加以研究。以 Muller-Lyer 错觉为例，被试并不会因为知道了带有相反方向箭头的线段实际上同样长而使这种错觉消失。错觉的持续性表明并不是所有知觉过程都受到以信念为主的高级认知过程的渗入。一些知觉过程对我们的信念系统并不敏感，这具有重要的生态学适应意义，一个在看所有东西时都存有偏见和愿望的动物是没有生存机会的。因此，模块论主要是一种生物取向的理论框架，也被称之为"先天模块论"（modularity nativism）。它假定存在先天模块、结构或制约，并且各个模块会专门化为诸如语言等某一特定领域的知觉和认知。一个模块只需要极少的经验就能被促发，因此，婴儿在某些领域的认知可能是天赋的，例如语言及关于物理学和心智的初始概念等，而且这些模块之间是相互独立的，某个领域的进步通常并不会迁移到其他领域。[2]

模块论的代表人物莱斯利等人认为，大脑有一个"心智模块的理论"。莱斯利通过多年来对自闭症儿童的观察和研究，收集了大量证据，认为幼儿心理理解的发展不是获得某种关于心理表征理论的过程，而是与语言习得一样，作为一种领域特殊的、快速、自主、功能独立的先天处理机制的结果。这一模式包括"心理理论机制"（Theory of Mind Mechanism，ToMM）和"选择处理器"（Selection Pro-

---

〔1〕［美］J. A. 福多：《心理模块性》，李丽译，华东师范大学出版社 2002 年版，第 4~6 页。

〔2〕 Gopnik, A., Meltzoff, A. N., *Words*, *thoughts*, *and theories. Cambridge*, MA：MIT Press, 1997, pp. 45~47.

cessing, SP) 两个模块。[1]莱斯利声称，内在成熟的变化促成了ToMM 模块的出现。自闭症儿童就是因为这个模块受损。[2]该模块在儿童满 1 岁的时候开始发挥作用，这以后儿童开始学会扮演游戏，逐渐理解了信念、愿望等心理状态。这一模块以一种精确的方式限制了发展的轨迹。个人的经验也许会触发模块的运行，但不能改变模块本身。莱斯利试图以此来为儿童心理理论发展中的天赋因素提供说明。他假定，表征分为初级表征（是儿童对客观世界的正确表达，或者是儿童对客观外物的信念）和次级表征（是儿童对自己和他人信念的表征，这是对初级表征的表征——即元表征）。[3]他认为，儿童天赋的 ToMM 模块可以使他们完成由初级表征到次级表征的转变。在儿童 4 岁左右——这是儿童发展的一个关键时期，ToMM模块相对地突然打开，也即一个预先设置好的，用于理解他人心理的功能模块准时启动了。莱斯利断定，在 ToMM 模块被启动后，发展是相对连续的，在 3 岁和 4 岁之间观察到的差异反映不是一种剧烈的理论转换。相反，较大儿童表现出的优秀的作业成绩可以借助儿童心理处理能力的提高得到解释，即 SP 模块功能的逐渐增强导致了 4 岁儿童在评估元表征理解的多种任务上取得成功。尽管可能需要经验因素来促发这些机制运作，但这并不决定它们的性质。[4]

简而言之，模块论关注的焦点是儿童心理理论的起源问题，认为儿童心理理论是一种内在的能力。在个体出生时，心理理论便以模块的形式存在于个体的神经系统内。儿童通过先天存在的模块化机制在神经生理上达到成熟而获得对心理状态的认识，经验对心理理论的出现只起触发作用。与理论论和模仿论相比，模块论更关注心理机能的天赋性和领域特殊性，这为心理理论解释模型提供了新

---

〔1〕 倪伟、熊哲宏：“ToMM-SP 模型：对儿童心理理论的核心机制之解读”，载《华东师范大学学报（教育科学版）》2008 年第 4 期。

〔2〕 Roth, D., Leslie, "A. M. Solving belief problems: Toward a task analysis", *Cognition*, 1998, 66 (1), pp. 1~31.

〔3〕 Leslie, A. M., " 'Theory of mind' as a mechanism of selective attention", *In The New Cognitive Neurosciences* (Gazzaniga, M., ed.), MIT Press. 2000, pp. 1235~1247.

〔4〕 Friedman, O., Leslie, "A. M. Mechanisms of belief-desire reasoning: Inhibition and bias", *Psychological Science*, 2004 15 (8), pp. 547~552.

的视角。根据这一观点，理论与模仿在塑造儿童心理理论的过程中
只能起到很小的作用。

四、匹配理论（Matching Theory）

这一理论的代表人物主要有梅尔佐夫和高普尼克、摩尔
（Meltzoff，Gopnik，Moore）等。[1]他们认为 ToM 发展的前提是婴幼
儿必须意识到自己与他人在心理活动中处于等价的主体地位，即在
心理活动情境中，儿童逐渐获得对自己与他人之间心理关系的认识，
儿童通过观察和再认来发展这种等价关系的认识。

但是在影响儿童心理理论发展的因素问题上，存在一些分歧。
梅尔佐夫认为，儿童从我—他相似性的认识逐步扩展到对负责心理
关系的认识，强调儿童的模仿能力；而摩尔等则认为，婴幼儿各种
心理活动中存在着许多主客体因素，虽然主体因信息加工中的种种
限制而带有很大的选择性，但不能因此将婴幼儿对心理关系的表征
独立地归功于主体和客体，作为心理理论基础的是心理关系的整理。
虽然这类观点没有否认在预测和解释行为中也用理论，但是更强调
心理关系整合的作用。[2]

在儿童心理理论的发展过程中，究竟是模仿的作用大还是心理
关系的整合作用更大呢？我们不得不承认在日常生活经验中，模仿
的确能够有效得帮助我们更好地理解他人心理状态和行为，并对此
做出解释。另外，我们也必须承认就心理理论的起源而言，模仿能
力早于理论发展。以梅尔佐夫对新生儿面部模仿能力的研究为例。
他们以成人实验者的面部为刺激材料，让成人实验者间隔一定时间
做出一个特定的表情姿势，然后由一位对各个阶段呈现给儿童表情
姿势不知情的观测者对录像中婴儿模仿的程度打分。结果发现，对
于实验者张大嘴巴这一姿势的反应更经常地表现为张大嘴巴，伸出
舌头的情况也是一样。这种婴儿与成人表情姿势之间的匹配遵循了类

---

〔1〕 王桂琴等：“儿童心理理论的研究进展”，载《心理学动态》2001 年第 2 期。
〔2〕 陈英和、姚端维、郭向和：“儿童心理理论的发展及其影响因素的研究进展”，
载《心理发展与教育》2001 年第 3 期。

似模仿的机制。[1]因此，匹配论亟需一种自下而上（Bottom up）的机制来支撑其理论设想。

五、社会建构论（Socialization Theory）

针对心理理论发展的认知理论，一些批评者认为上述这些理论观点忽视了社会经验和交流互动的作用。尽管理论论是一种关于概念发展的建构性解释，但是它没有明确说明社会经验如何影响理论建构和修正的具体方式。卡彭代尔和路易斯（Carpendale，Lewis）提出了一个一般性的社会互动理论框架。该理论的基础假设是：心理理论形成于社会互动中进行的积极理论建构，而不是被动地适应心理主义式的解释。认为儿童的生活环境及儿童与环境的相互作用的结果对儿童 ToM 的发展具有重要意义。但在具体问题上也存在一些分歧：如利拉德强调社会文化经验的作用，Tremarthent 则强调主体间（婴儿与看护者之间）相互作用。[2]

这个社会互动论的一般理论框架能够很好地解释新近关于语言如何影响心理理论发展的研究发现。语言和心理理论发展之间的密切关系，无论在横断研究还是纵向研究中均得到了很好的探究，这些语言特征被认为是心理理论发展的预测指标（Astington，Jenkins，1995 年）。这种联系不可能仅仅反映心理理论言语任务的要求，因为非言语任务与言语任务一样困难（Call，Tomasello，1999 年）。[3]语言可以通过使儿童将注意聚焦于对行为的心灵主义解释而促进心理理论发展。同时，语言也是儿童获得心理领域方面信息的一个主要来源，因此心理术语的习得在心理概念的习得中扮演着某种重要角色（Astington，Jenkins，1995 年）。[4]

---

〔1〕 Meltzoff, A. N. , Prinz, *W.* , *The imitative mind*: *Development*, *evolution*, *and brain bases*, Cambridge, England: Cambridge University Press, 2002, pp. 37~69.

〔2〕 李妍、贾林祥："试析心理理论研究亟待解决的问题"，载《湖北教育学院学报》2007 年第 12 期。

〔3〕 Call, J. , Tomasello, M. , "A nonverbal false belief task: the performance of children and great apes", *Child Development*, 1999, 70 (2), pp. 381~395.

〔4〕 Astington, J. W. , Jenkins, J. M. , "Theory of mind development and social understanding", *Cognition and emotion*, 1995, (9), pp. 151~165.

句法习得与心理理论发展之关系的具体理论是由德·维利尔斯等人（De Villiers et al.，2000年）[1]提出的。他们认为，语言学上的补语结构起嵌套命题（如"小华以为一块巧克力在橱柜里"）表征结构的作用，愿望动词和交流动词（如说、问）、陈述混合动词（如猜测、希望、认为）决定着补语句。要理解补语句，关键是要认识到在主句为真时，嵌套的补语句子可以是错误的（例如"小华以为一块巧克力在橱柜里"可以是真的，而巧克力实际上并不在橱柜里）。这一假设受到补语句法的掌握与错误信念任务的掌握之间密切关联这一证据的支持（de Villiers et al.，2000年）。而且，训练研究表明，补语从句方面的经验影响着3岁幼儿对错误信念任务的掌握（Hale，Tager-Flusberg，2003年）。[2]不过，德·维利尔斯等人所提出的严格的语言决定论观点与佩尔奈等人的发现并不一致。他们发现说德语的儿童对愿望命题的理解优于对信念命题的理解，尽管德语不同于英语，其愿望动词的句法却与陈述动词的句法完全相同。

关于语言在心理理论发展中的作用的另一个解释，则关注话语（discourse）的作用。哈瑞斯（1999年）[3]提出，话语对突出现点的差异十分重要。托马塞洛等人（Lohmann，Tomasello，2003年）[4]在某种训练条件下用实验的方法突出现点差异，结果发现，这种训练条件对信念认识有影响，而且这些影响几乎完全独立于句法训练的影响。这些发现表明，自然话语的各个方面（争论、误解、观点改变）可能与心理状态归因句法工具的习得共同促进了信念概念的发展。

〔1〕 De Villiers J. G.，Puers J. E.，"Complements to cognation：A longitudinal study of the relationship between complex syntax and false belief understanding"，*Cognitive Development*，2002，17（1），pp. 1037~1060.

〔2〕 Hale，C. M.，Tager-Flusberg，H.，"The Influence of Language on Theory of Mind：A Training Study"，*Developmental Science*，2003，（6），pp. 345~359.

〔3〕 Harris，P.，"Acquiring the art of conversation：Children's developing conception of their conversational partner"，In：M. Bennett（ed.），*Developmental Psychology：Achievements and prospects*，Philadelphia：Psychology，1999.

〔4〕 Lohmann，H.，Tomasello，M.，"The role of Language in the Development of false Belief Understanding：A Training Study"，*Child Development*，2003，（74），pp. 1130~1144.

六、主导性社会交流论（Dominant Social Communication Theory）

有学者研究发现社会交流，尤其是成年人或者同龄人中的年长者和儿童的交流对儿童心理理论起着十分重要的作用，他们把这种成年人或年长者占主导地位的交流称为"主导性社会交流"。主导性社会交流并不是一种地位完全平等的交流，一般地说，成年人对儿童的影响力较高，处于主导者的地位。这种主导性社会交流起着对儿童的心理理论的引导、矫正和指示的作用，有着更多主导性社会交流经验的儿童在心理理论发展方面显著优于主导性社会交流经验贫乏的儿童。

七、文化决定论（Enculturation Theory）

持文化决定论观点的研究者（B. Snell，C. F. Feldman）认为：心理是一种文化的创造，儿童获得语言以及参与社会文化实践活动的过程就是他们发现自己心理的过程。弗尔德曼（Feldman）在《The New Theory of Theory of Mind》一文中谈到，可以从一种新的学科视角来研究儿童对心理的理解，这一学科即文化心理学。[1]在弗尔德曼等一些心理学家看来，心理学只是一门解释性的人文学科，而不是一门实证科学。[2]心理学家其实和儿童一样，在心智问题上，更关心理解行为的意义并对此稍作解释而较少关心行为本身的深层解释与预测。如果从文化的角度来研究儿童，那么就不必像皮亚杰等人那样将儿童看成是"小小科学家"，认为儿童可以构建自己的因果理论，而要从文化内化的观点出发，看到儿童对心理的文化构建。

八、概念发展论（Concept Developmental Theory）

文化决定理论强调儿童社会化的作用，模块理论的观点强调生

---

〔1〕 Astington, J. W., *The child's discovery of the mind*, Cambridge, MA: Havard University Press. 1993, pp. 135~153.

〔2〕 Feldmen, C. F., "The new theory of theory of mind", *Human Development*, 1992, (35), pp. 107~117.

理构成的影响作用，介于这两种理论观点之间的就是概念发展理论。

概念是人类思维的一种重要形式，是抽象逻辑思维的基本单位。概念发展在儿童的认知发展中具有非常重要的功能，它可以帮助儿童节省许多心理能量和时间来认识新事物。维果茨基（Vygotsky）曾对儿童的概念发展提出了日常概念和科学概念的理论。[1]他认为，日常概念是基于特殊的事例，它所构成的体系并不是一个具有内聚性的思想体系，而科学概念则是某一个系统（里边有着各种各样的关系）的一部分。维果茨基认为日常概念和科学概念具有质的不同，也即儿童和成人的概念是完全不同的。日常概念是在众多的典型特征中选取整体相似性特征，并以之为基础而形成的概念类型，科学概念是以一两个规则性的维度或特征为基础来组织的概念类型。当然，维果茨基也认为儿童概念发展的质变并不是全面彻底的，至少成人在概念思维的同时，保留着情境化的概念表征方式，这也就是为什么儿童与成人之间有可能交流但又有交流失误的原因。虽然如此，维果茨基更强调的仍然是概念发展之间质的变化。

朴素理论认为儿童与成人之间认识更多的是相似的地方，强调两者具有相似的性质、相似的功能、相似的发展过程，它们之间的变化更多的是量的变化。比如说某个概念的发展，概念的表征并没有发生质的变化，变化的只是这个概念已经处于不同的理论体系或现象中。

儿童心理理论的概念发展理论认为，儿童在构建他的知识体系时，是以概念发展为前提的，认为儿童与成人在认识方面更多的是相似的地方，强调两者具有相似的性质、相似的功能、相似的发展过程，它们之间的变化更多的是量的变化。比如说某个概念的发展，概念的表征并没有发生质的变化，变化的只是这个概念已经处于不同的理论体系或现象中。儿童对心理的认识或理解本质上是像理论的，具有与一般科学理论同样的基本特征。福多认为，儿童的心理认识与成人的信念、愿望推理的基本核心相同，所不同的只是它只

---

〔1〕〔俄〕列夫·谢苗诺维奇·维果茨基：《思维与语言》，李维译，浙江教育出版社1997年版，第37~58页。

对较少的一些心理状态作出解释。[1]从朴素理论到科学理论是一个逐渐变化的过程，其基本结构的体系没有太多的变化，它们之间仍然具有相似性和连续性。维果茨基的日常概念和科学概念理论与皮亚杰的认知发展阶段论一样，认为儿童的认知发展是领域普遍性的，在发展的各个领域都存在着从日常概念发展到科学概念的现象，或者都存在着从混合思维阶段到复合思维阶段再到抽象思维阶段的发展。尽管他在论述日常概念时，也提到一些不同领域的概念，但并没有具体地说明不同领域之间的发展存在着差异。朴素理论更强调儿童的发展是领域特殊性的，大多数认知心理学家和认知发展领域的研究者都认为并非所有的概念的产生都是依据同样的结构。

九、跨领域发展论（Cross-field Developmental Theory）

很多研究者认为儿童心理理论发展也应该是独立于儿童的物理和生物理论的发展而存在的，具有其特定的领域和相关的内容。但是也有一些研究者（如：R. Case，1989 年；D. Frye，P. D. Zelazo，T. Palfai，1992 年）认为，儿童在心理领域的理论发展，也反映出其他多个领域（如记忆能力、人际交往能力等）的发展变化，儿童对心理的理解反映的是更大范围的发展现象，它远远超出了某一特定的领域和特定的内容，所以儿童的心理理论不应该是某一特殊领域的发展结果，而是跨领域的发展结果。儿童心理理论的跨领域发展理论的支持者（D. Frye，P. D. Zelazo，T. Palfai，1992 年）在《The Cognitive Basis of Theory of Life》一书中又进一步指出，无论是记忆能力的变化、思维能力的变化等一般意义上的儿童信息加工能力的变化和发展，还是人际交往能力、人际沟通能力的变化和发展等，都可以影响儿童对心理的理解。

以上是心理理论的主要理论模型。一般认为，理论论、模拟论和模块论是关于心理理论的解释的主导理论。其实，这三种有关心理理论发展的理论模型并非是完全相互排斥的。我们知道，儿童心

---

[1] Fodor, J. A., "A theory of the child's theory of mind", *Cognition*, 1992, (44), pp. 283~296.

理理论的发展应该有一定的遗传原因，即先天生理和心理基础（模块论），其发展既不能排斥社会学习模拟过程（模拟论），也不能排斥总结规律和经验、建构理论的过程（理论论）。除此之外，这三种理论也都肯定了心理理论是特定认知领域以及经验在心理理论中起了一定的作用。

其他的关于心理理论的解释的非主导理论，可以看作是对这三个理论的补充和完善。匹配理论强调理论的形成是通过模仿或类比所获得，社会文化结构理论对心理理论发展中的社会交流问题做了进一步的限定，两者应该看成是对理论论的一种补充。由于理论论、模拟论和模块论都认可经验在心理理论发展中所起的作用，所以有关强调"与他人互动经验的心理理论解释"其实也是对这三个理论的补充。

可能是由于近年来研究方向的转变且我国的研究相对较晚，目前国内还没有人着手这方面的研究，即还没有人对这些理论模式进行相关的实证检验或评论，更没有人提出新的理论构想，更多的则是对国外研究成果及理论的直接引用。

第二节　心理理论模型理论的反思与展望

一、区分的视角

由于各种理论的出发点和侧重点不同，因此在解释儿童心理理论的起源、发展及变化等方面难免有偏差。笔者认为，要合理解释儿童的心理理论，至少需要考虑以下因素：其一，先天或早期的生理成熟在儿童心理理论形成与发展中的作用；其二，正常个体都具备一定的内省能力，他们在试图推断不同心理条件下其他个体的心理状态时有可能运用这一能力；其三，信息加工及其他心理能力的提高使得心理理论的发展成为可能和变得容易；其四，经验会影响和改变儿童关于心理世界的概念及运用这些概念解释、预测自己或他人行为的能力。

在以上这九大理论解释中，哪种理论能较完整地解释儿童"心理理论"发展的事实？较为一致的意见是：每种理论的存在都有其合理之处，但每种理论都只是从某个层面或侧面为我们提供一种解释思路。"心理理论"的发展既不能缺少身体内在结构和先天能力这个生物基础，也不能缺少特定的文化背景这种社会因素，更不能缺少个体的信息加工能力。

如果一个人没有对信息的认知能力如感知能力、记忆能力、思维能力等，那么心理理论的发展几乎是不可能的。同样，如果个体没有尝试着去解释各种情形的实践经验，没有进一步的自我反思体验，那么个体"心理理论"的发展也会成为空谈。上述的九种理论解释都存在自身的弊端。如模块论过于强调先天的因素；文化决定论过于强调儿童社会化即文化的因素，甚至认为心理学只是一门解释性的人文学科而不是实证科学；模拟论则偏重于强调儿童自我反思的经验，等等。而且，这些理论也都无法分别一一解释个体心理知识发展的某些现象。如模拟论无法解释为什么儿童个体不能记住以往的信念，但儿童在记忆愿望或假装等心理状态时，会表现出良好的记忆力；而文化决定论、跨领域发展论、模块论等也无法解释为何那些在大家庭中长大的孩子往往能更好地理解错误信念。现在，一些研究者们都倾向于把这几种解释相结合来解释儿童心理理论的发展，汲取各个理论的合理之处，从不同的层面对儿童的心理理论发展做出解释。但也有一些研究者认为关于儿童心理理论发展的模型存在多种解释，是因为人们还没有找到或发现一种真正的理论解释，这些研究者正在为达到这样一种统一完整的理论而努力。不管研究者们从哪个方面来进一步探讨，都将促进心理理论研究领域的进一步发展、完整。

综上所述，不同的理论分别代表了心理学家对 ToM 的不同角度的解释，都有其一定的合理性，但也都存在他们各自无法解释的问题。如理论论能解释儿童 ToM 的发展与完善问题，但不能解释其来源；模块论能解释其产生及成熟的作用，但不能解释 ToM 的社会性；匹配论、模仿论、社会化论对以上两者具有补充作用，但自己也难以独当一面。因此，未来的理论研究的方向应该是一个理论的整合过程。

二、联系的视角

综合当前心理理论研究存在的问题，可以发现这些问题与心理理论解释模型领域的困境之间存在密不可分的联系。这一点尤其需要引起足够的重视。当前但凡在心理理论研究领域做出卓越贡献的研究者，往往都对心理理论的解释模型情有独钟。究其原因，从科学理论发生发展的规律来看，心理理论的解释模型虽然是伴随实验结论的需要产生的，但是这并不意味着解释模型仅仅是实验研究的"副产品"，正如库恩在《科学革命的结构》一书中谈到的那样，研究范式的选择包含两个核心的要素，其一是模型，即科学家接受的关于某一研究的一组假说、理论、准则和方法的总和；其二是信念，即在此基础上科学家心理上形成的关于这一问题所持有的固定信条。[1]尤其是后者，将直接影响到研究者对于该问题的假设与解释。可以做如下反思，以心理学发展史为例，以冯特（Wundt）为首的构造主义为什么就与詹姆斯（James）的功能主义水火不容，认知主义的观点看似与行为主义不同，但其范式却存在通约性；斯金纳（Skinner）的行为主义观为什么与沃森（Waston）的观点相比更重视强化？这些问题表面上看是方法论的分歧，而实际上却是对心理本体论的认识或所持有的信念不同，即他们理解的心理世界本质的不同。他们的工作是用科学的方法来证实内心的心理世界观，用"理性为心理世界立法"[2]。这种"立法"的过程往往最能彰显研究者自我实现的价值张力，在心理理论研究中也是同样的。因此，心理理论解释模型的作用不仅体现在对实验结论和现象方面做出合理的解释，更重要的是反过来又指导研究者在实际操作中，以一种"立场"去影响其实验的假设、所采用的研究手段与方法，并通过实践来验证、修改或完善原有模型。就此意义上而言，我国学者熊哲宏

---

[1]　Kuhn, T. S., *The structure of scientific revolution. second edition*, *enlarged*, Chicago: The University of Chicago Press, 1970, pp. 68~70.

[2]　陈巍："功能主义对当代科学心理学研究的蒙蔽"，载《南通大学学报（教育科学版）》2007年第2期。

也将心理理论的解释模型称之为"儿童心理理论的理论"[1]，国外学者卡拉瑟斯（Carruthers）则将其称之为心理理论的"元理论预设"（meta-theory of presupposition）[2]，鉴于此，可以认为来自解释模型的问题才是导致心理理论研究争议的根源困境。

〔1〕 熊哲宏："什么是'儿童心理理论'？——评儿童心理理论发展研究中的'概念混淆'"，载《华中师范大学学报（人文社会科学版）》2001年第5期。

〔2〕 Carruthers，P.，Smith，P. K.，*Theories of theories of mind*，Cambridge：Cambridge University Press，1996，pp. 34~38.

第一节　心理理论基于不同年龄阶段个体的发展特点

一、2 岁以前婴儿的心理理论发展特点

关于婴儿心理理论的发展问题一直强烈地吸引着研究者。很多研究者对 0 至 2 岁婴儿的基本辨别能力、理解能力、对别人的情绪操控能力进行了研究。纳尔逊（Nelson）认为，婴儿头两年对脸部表情辨别能力就已经发展到了相当水平，他们偏好看人的眼睛，并且已经具有了视觉追随他人眼光的能力；婴儿对声音有很高的注意性并能对声音做出区分。[1]梅尔佐夫的研究表明，18 个月大的婴儿就能够推断出别人将要做什么，也就是说这个年龄的儿童可能开始理解人的行动是有意图的、有目标的。[2]雷帕科利和高普尼克（Repacholi，Gopnik）的研究发现，18 个月的婴儿不仅可以理解人的行动是有意图的，而且可以根据他人的意图做出不同选择。[3]虽然上面的研究表明，2 岁以前的婴儿已经能够表现出似乎与认知发展相关的行为，但是这些行为是不是就意味着这个年龄阶段的婴儿已经具有了心理理论在心理学界还是很有争论的。

---

〔1〕　Nelson，C. A.，"The Recognition of Facial Expressions in the First Tears of Life：Mechanisms of Development"，*Child Development*，1987，58（4），pp. 889~909.

〔2〕　Meltzoff，A. N.，"Understanding the Intentions Old Mind Tasks Decline in Old Age?"，*British Journal of Psychology*，2002，93（4），pp. 465，483.

〔3〕　Repacholi，D. J.，Gopnik，"A. Early Reasoning about Desires：Evidence from 14 and 18 month old"，*Developmental Psychology*，1997，33（1），pp. 12~21.

二、2 至 4 岁婴儿的心理理论发展特点

研究者普遍认可的是个体在 4 岁左右通过错误信念任务，获得心理理论。一般研究认为，2 至 4 岁是儿童获得心理理论的关键年龄。正如前面提到过的，巴奇和韦尔曼曾对心理理论的发展阶段进行了划分，认为心理理论的发展主要是由 3 个阶段构成的：在 2 岁左右的时候，儿童获得的是"愿望心理学"（Desire Psychology），这一阶段儿童主要是以愿望为准则来评定自己和他人的心理状态；第二个阶段被称为"愿望—信念心理学"（Desire-belief Psychology），这一阶段儿童开始表现出对信念的一定理解，但是对行为的解释主要还是以愿望为标准的；大约 4 岁的时候，儿童进入发展的第三个阶段"信念—愿望心理学"（Belief-desire Psychology）阶段，这时他们开始对信念有进一步的了解，在对行为进行推断时，信念和愿望被综合起来考虑。也有研究者如钱德勒，卡彭代尔和皮洛（Pillow）等人认为，幼儿心理理论的发展主要表现在由复制式心理理论（Copy Theory of Mind）发展到解释性心理理论（Interpretive Theory of Mind）。三四岁儿童能够认识到自己或他人可以拥有信念时，拥有的是复制式心理理论。此时的儿童能够认识到信念是对外部世界的客观表征，他们能区分外部世界和心理表征，实现的是心理对外部世界的复制，但是他们还不能认识心理与外部世界的双向作用，只能认识到外部世界对心理的影响。大约在六七岁时，儿童获得了解释性心理理论，不仅能认识到外部世界对心理的影响，而且能认识到心理对外部世界的作用，即认识到心理在解释外部世界的信息中起重要作用[1]。

三、5 至 8 岁儿童的心理理论发展特点

佩尔奈和威默（1985 年）认为儿童在 6 岁左右的学龄期获得对

---

[1] Carpendale, J. I., Chandler, M. J., "On the Distinction between False Belief Understanding and Subscribing to an Interpretive Theory of Mind", *Child Development*, 1996, 67 (4), pp. 1686~1706.

二级错误信念（second order false belief）的理解。张文新等人（2004 年）的研究结果亦表明，6 岁左右是童二级错误信念发展的关键期[1]。另外，正如上面钱德勒、卡彭代尔和皮洛等研究者提出的，儿童在学龄后进一步发展而来的是解释性心理理论，这是一种完全不同于个体在学龄前所获得的那种复制性心理理论，而是一种主动建构和解释信息的能力，个体逐渐理解由于主体的主观能动性使得不同个体对于同样信息也会作出不同解释，他们认为这一能力的获得是个体心理理论发展过程中又一质的飞跃。贝克（Beck，2001 年）等的研究也发现，对于模糊信息，6 岁左右是儿童形成多元解释的关键时期。[2]韦尔曼等人认为，儿童心理理论的发展表现为从用信念、欲望去解释、预测行为发展到逐渐使用人格特质解释行为。6 岁前儿童的心理理论中还不包含特质概念，但已出现特质概念的萌芽，七八岁后，儿童开始使用人格特质概念来解释、预测行为。

四、学龄后心理理论的发展特点

个体心理理论是一个毕生不断发展的过程，学龄前、学龄期所经历的里程碑并不能代表整个发展历程的模式。那么学龄后，个体这种认知能力的继续发展表现在哪些方面？又是怎样继续发展的呢？

学龄后期，个体已经具备理解各种简单和复杂心理状态的能力，此后心理理论的发展逐步由"获得"心理理论转变为"使用"心理理论。个体心理理论发展成熟的一个显著标志就是在使用过程中表现出一致性趋向，即对于行为和心理状态的认识，个体往往表现出相近的看法和认同。例如维恩瑞（Wainry）等人的研究中，8 岁左右的青少年和 21 岁左右的大学生对于各种信念的接受与否，没有呈现出随年龄增长而变化的系统模式，他们对于某些观点是一致认同

〔1〕张文新等："3~6 岁儿童二级错误信念认知的发展"，载《心理学报》2004 年第 3 期。

〔2〕Beckm, S. R., "Children's Ability to Make Tentative Interpretation of Ambiguous Messages", *Journal of Experimental Child Psychology*, 2001, 79 (1), pp. 75~114.

的，而对于某些则都不能认同；另外在对于某些观点的认同与否上则表现出个体偏好上的差异[1]。虽然在测量年长儿童心理理论发展方面还有很多困难，但是，研究者们也在尝试着采用一些方法对其进行测试。

研究者博萨茨基（Bosacki）和阿斯廷顿曾提出了模糊故事情境法来检测同一年龄段的儿童的心理理论发展。而巴伦·科恩和斯通（Stone）提出一种"失言检测任务"（faux pas detection task）的方法来测量 7 至 11 岁儿童心理理论的发展。结果发现，11 岁儿童的失言检测能力要显著高于 9 岁儿童，9 岁儿童的失言检测能力显著高于 7 岁儿童，即失言检测能力随着年龄的增长而不断增长。

五、成人及老年人的心理理论发展特点

哈佩等人最早论及老年人的心理理论，认为与青年人相比处于老年期的正常人，虽然在非心理理论的任务操作上的得分会随年龄的增强而下降，但在心理理论任务上的得分却仍能维持高水平。而美罗（Maylor）等人的研究却得出了不同的结论。所以，有关老年人心理理论的发展特点还有待于进一步探讨。

第二节　心理理论的表征机制发展

如果能够以某种相对简化的发展机制来解释心理理论发展的多样性，这种研究无疑更为方便而有力，所以儿童心理理论的研究者们也非常关注心理理论表征机制的发展，他们力图寻求以相对较少，而且能用一组相对较少的原则来解释一系列关于儿童心理理论发展的现象。另外，表征概念在儿童认知发展，乃至整个认知心理学中具有举足轻重的地位。因此，以表征能力为核心来探讨心理理论的发展，也正是众多学者思考心理理论与其他心理结构发展之间关系的出发点。目前，在所有关于心理理论的研究中，心理理论表征机

[1] Wainry, B. C., Shaw, L. A., Laupa Marta, etal., "Children's Adolescences' and Young Adults Thinking about Different Types of Disagreements", *Developmental Psychology*, 2001, 37 (3), pp. 373~386.

制的探讨是最富有争议、同时也是解答心理理论一系列相关问题的关键问题。

一、儿童心理理论表征机制发展的一般理论探讨

虽然心理理论的研究者在不同思维范式的指导下提出了各自不同的理论观点（这些观点甚至是存在互相矛盾和冲突的地方），但是他们在以下三个方面是一致的：其一，他们似乎都同意，某种日常心理认识发展的核心是关于基本心理状态的概念的习得，例如关于意图和信念的概念习得；其二，研究者们不再强调普遍性的阶段理论，而是偏好某种发展的领域特殊性解释点，例如认为可以将认知发展理解为某种特异性认识领域的理论建构和重构的观点得到了广泛的支持，即使拟化观和模块观也往往将心理认识发展视为有别于其他领域的认识；其三，多数研究者均认同，可以将某种心理认识的习得视为某种表征装置的习得，例如可以将关于信念的认识理解为某种旨在表征事实但可能如实表征也可能错误表征的认识习得。由于信念认识习得背后隐含着表征能力的重大发展变化，因此在心理理论发展研究中，关于幼儿习得信念认识的表征机制问题一直受到众多研究者的关注。

佩尔奈（1991 年）[1]认为，儿童对心理的认识反映了他们关于表征系统的一般认识，儿童的这种认识经历三个发展水平：最初是关于现实的初始表征能力（primary representations），进而发展到超越于当前现实的间接表征（secondary representations）水平，最后发展到能够认识表征关系本身，把表征本身作为表征对象，即元表征。这种元表征能力对于认识到心理的表征实质无疑十分关键，因为只有具备这种能力，才可能意识到同一客体或事件可能具有相互冲突的心理表征。经典错误信念任务（Wimmer, Pemer, 1983 年）[2]测

---

〔1〕　Perner, J., Davies, G., "Understanding the Mind as an active information processor: Do young children have a 'copy theory of mind'?" *Cognition*, 1991, 39 (1), pp. 51~69.

〔2〕　Wimmer, H., Perner, J., "Beliefs about beliefs: Representation and constraining function of wrong beliefs in young children's understanding of deception", *Cognition*, 1983, (13), pp. 103~128.

量的就是能否认识到两个人可能同时而又彼此不同地表征同一个对象或事件；外表—事实测验（Green，Flavell，1986 年）测量的是能否认识到人们对某个事物的表征可以不同于事物的实际情形。尽管目前尚难确定，使儿童得以同时持有相互冲突的心理表征的是否就是这种元表征能力，但许多研究表明，儿童习得元表征技能的时间与这两种心理理论任务的掌握大致发展于同一年龄阶段。儿童不仅在大致相同的年龄阶段开始获得某种关于错误信念的认识，而且他们于相同时间开始表现出关于自己和他人的信念变化的认识。儿童在错误信念任务中的表现与在外表—事实区分任务中的表现相关（Gopnik，Astington，1988 年）[1]，并且与可能以元表征能力为基础的其他技能的发展相关。迄今已有很多独立经验研究得到这种一致的结果，即 3 岁儿童普遍缺乏心理表征理论，只有到了 4 岁左右儿童才开始表现出心理表征理论。为什么 3 岁儿童普遍缺乏心理表征理论呢？一种解释认为是由于 3 岁儿童具有"表征失忆"缺陷，儿童一旦看到真实情境后，他们自动改变了信念，对早先的信念没有任何记录（Astington，Gopnik，1988），也就是说儿童无法利用表征系统中关于先前的错误表征的记录。而佩尔奈（1991 年）则认为这是由于 3 岁的儿童具有某种影响着工作记忆作用的概念缺失导致他们无法将其所描述的（表征对象）与之所以这样描述（表征过程）加以区分。这种解释同样可以回答为什么年龄较小的幼儿在其他许多同质现象中也存在的记忆失败现象。

但是，虽然佩尔奈的表征机制发展模型反映了幼儿心理理论发展的一般趋势，但是其存在的不足也是显而易见的，因为它忽视了幼儿心理理论发展中存在的巨大的个别差异（Bartsch，Estes，1996年）[2]。尽管多数研究者关注同龄儿童在错误信念任务上表现的共

〔1〕 Gopnik, A., Astington, J. W., "Children's understanding of representational change and itsrelation to the understanding of false belief and the appearance-reality distinction", *Child Development*, 1988, (59), pp. 26~37.

〔2〕 Bartsch, K., Estes, D., "Individual Differences in Children Developmenting Theory of Mind and Implications for metacognition", *Learning and Individual Differences*, 1996, (8), pp. 281~305.

性，但是按照概念习得的确切年龄，3 至 5 岁的儿童几乎在所有错误信念推理任务中均存在某种发展上的个别差异。为此，正如詹金斯和阿斯廷顿（1996 年）所认为的那样，错误信念的习得可能并不像许多研究者原先所认为的那样具有明显的发展阶段，而是某种更为渐进的发展。而且这种个别差异并不局限于错误信念，而是普遍表现于心理状态概念的认识中。这种发展的个别差异似乎更倾向于支持心理理论的连续发展观，而不支持阶段发展观。发展的个别差异，往往意味着早期社会经验在儿童心理理论发展中所可能具有的重要影响。因此，在关于心理理论发展机制的探究中，应特别关注一般认知基础与社会经验活动两者如何交互作用，共同促进儿童心理理论的发展。另一方面，仅仅基于这种一般表征发展模型，也往往难以解释为什么幼儿在不同心理理论任务情境中的表现存在较大的差异，即他们的表现似乎具有任务情境特殊性（邓赐平，2003 年）[1]。如果幼儿完全缺乏这种表征能力，则他们不应表现出这种随任务情境而变化的有关心理状态的洞察能力。为此有研究者认为，幼儿在不同任务上的表现不尽一致，更倾向于支持表征的不可通达假设（inaccessibility），而不利于表征缺乏假设（Freeman，Lacohee，1995年）。当然，也可以仅仅把认为开始具有元表征能力的年龄降低，例如 3 岁或 2 岁半甚至更小，以此来解释这种表现的不一致性，但是由此导出的问题是，间接表征和元表征能力之间的界线开始变得模糊。而且，研究（邓赐平，2002 年）也发现，儿童在外表—事实和错误信念任务上的表现也可能受任务内容的影响。如果确实是幼儿所具有的表征缺陷阻止他们解决这些任务，那么我们必须进一步深入探究任务内容如何与幼儿的表征系统相互作用。针对别人提出的疑义，佩尔奈和克雷孟特（Clement）等人（1997 年）提出了心理理论知识从内隐形式到外显形式的发展假设，来解释儿童在各种心理理论任务上的表现差异。他们的研究发现，较早的内隐认识是获得外显认识的必要前提之一，并且只有已经具备内隐认识的儿童才

---

〔1〕　邓赐平、桑标："不同任务情境对幼儿心理理论表现的影响"，载《心理科学》2003 年第 2 期。

可能得益于关于外显认识的训练。莱斯利（1994 年）[1]提出了心理理论机制（Theory of Mind Mechanism，ToMM）与选择加工机制（Selective Processor，SP）协同作用的假设，米切尔等人（1996 年）[2]则提出了现实掩蔽假设，来解释各种任务表现的不一致性。迄今仍有不少研究关注这种反应模式的不一致性所可能隐含的认识论意义，这也为后继的心理理论发展研究提出了一个重要的探讨方向，即进一步关注一般认知基础与领域特殊性之间的交互作用问题。

二、心理表征机制发展的路径

如上所述，关于心理理论表征机制的发展解释有诸多不同的解读方式，不同研究者的解读方式在很大程度上与其所擅长的研究领域有关联。因此，可以看到不同研究者在表述各自的发展模型时，往往是将模型隐含于其所探索的具体内容的分析中。下面是三个有代表性的心理理论表征机制发展模型，或者说是几种心理表征理论的发展路径。

（一）基于知觉经验的表征机制发展

基于幼儿心理发展的常识：幼儿如果知道有什么可能通过感官进入人的心理（如"她看到一块糖果"），必然影响到某个人关于他人的愿望（"她想要糖果"）和信念（"她认为如果她站在一个椅子上踮起脚尖就能拿到糖果"）等心理状态的知识。因此，弗拉维尔认为，儿童心理理论发展中一个十分重要的社会概念习得，是关于他人在知觉上可能感受到什么的认识。高普尼克等（Gopnik，Slaughter，Meltzoff，1994 年）也曾提出错误表征的认识能力具有知觉起源，认为对错误表征的认识首先出现于感知领域。这一假设得到了一些研究结果的支持。

---

[1] Leslie, A. M., "ToMM, ToBy and agency: core architecture and domain specificity", In L. A., Hirschfeld, S. A., Gelman (eds.), *Mapping the mind: domain specificity in cognition and culture*, New York: Cambridge University Press. 1994, pp. 119~148.

[2] Mitchell, P., Robinson, E. J., Isaace, J. E., Nye, R. M., "Contarnination in reasoning about false belief: An instance of earlist bias in adults but not children", *Cognition*, 1996, (59), pp. 1~21.

　　幼儿的感知概念有时表现出某种自我中心主义倾向，他们认为他人关于世界的观点与自己的观点相同。但是从很早的时候开始，儿童便有许多直接的机会去认识他们自己的感知随情境的变化而变化，并且他们的感知可能不同于其他人的感知。例如，他们在光亮中看得到东西，但在黑暗中或闭上眼睛时看不到东西；儿童拿着画册时，坐在对面的人经常会说看不到画册里的图片……因而儿童逐渐明白，其他人也看得到物体，并且在某一时刻，他人的视觉经验的性质常常可基于各种不同的线索加以推测（如这个人的注视方向，或这个人与其所注视的对象之间的空间关系）。不同的知觉概念发展水平，影响着儿童关于他人心理的认识和社会观点采择能力的发展。

　　年龄较小的儿童，已经习得一些非常基本而重要的知识，知道他人未必总能看到自己当前所看到的同一客体。例如，儿童可能认识到，如果竖直地拿一张图片，图片的正面对着他，则他看到了图上所绘的东西，而坐在他对面的另一个人则看不到。类似的，儿童可能意识到，如果将某一东西置于某一直立的不透明隔板上且面向他人，则自己看不到物体，但他人可能看到了物体。不过，这时的儿童尚不能形成超越于当前现实的间接表征，即当两个人都看到某一东西时，两个人可以从不同空间视角看待该物体。这时的幼儿也能够解决其在以前的日常生活中没有多少经验的出示问题，例如，出示一张贴在空的立方体内底部的图片。儿童获得知觉剥夺技能（如藏起物体）的时间迟于知觉提供技能的获得，但两者到 3 岁时似乎均已得到很好的发展。

　　知觉认识的发展对儿童心理理论发展的影响，也可体现在其对婴幼儿的视线、共同注意和注意的认识的影响上。情境主义理论将儿童认识父母视线的能力，视为幼儿在"学徒"（apprenticeship）情境中的注意导向活动的一个重要组成部分。这种认识也促进了儿童与成人的视觉联合注意，而这种注意产生了大量婴幼儿与成人之间的共同社会互动，进而为婴幼儿的早期心理理论发展和言语的获得提供了重要的支持。同样，在注意认识方面，儿童先是逐渐认识到视觉和听觉要求张开眼睛并正确定向、耳朵不堵塞、没有障碍，以及声音足够高不被其他噪声所淹没；进而认识到知觉还要求声音必须受到注意，物体也必须受到注意并处于人们的视线之中等；然后逐渐认识到由于注意的选择性，或直接由于目标与背景的相似性，即使"正好处于清晰视野中的"（或"正好处于清晰听觉范围内的"）物体，也可能没有得到完全的感知。当然，这些更高级的认识发展，已经延伸到了儿童期。

（二）从愿望心理学到信念心理学的转变

结合来自心灵哲学、科学哲学及儿童认识发展三个领域的论点，韦尔曼认为儿童与成人一样，拥有一个关于心理状态的常识法则组成的心理理论，这一理论以类似于科学理论的方式运作，为儿童提供了一个重要的因果关系解释框架，儿童据此来对各种行为现象作出因果性的解释和预测。相应的，韦尔曼认为，心理理论的发展就像科学理论一样，当面临的否定证据越来越多时，理论经历了一个解构和重构的过程。而儿童的心理理论在 2 至 5 岁期间，表现出了两个明显的理论转变。

韦尔曼认为，2 岁儿童已经发展了一个十分简化的理论，即"愿望心理学"。这一理论的核心观念是，人的行动由内在的倾向、愿望或驱力所驱使。如前面所述，这种理论中包含有关愿望、知觉、情绪、行为和结果之间简单的因果关系等内容的认识（Bartsch，Wellman，1995 年）[1]。例如，幼儿认识到，如果小华想要玩具车作为生日礼物，则在该愿望（目标）得到满足时他将感到开心，而如果得到的是一个布娃娃，他将会不高兴。类似的，他们知道如果人们找到了他们一直在寻找的所想要的东西，他们将停止寻找，否则他们将继续寻找。他们也认识到不同人对同一事物可能具有不同的愿望和态度，例如他们自己不喜欢咖啡而某位成人则可能喜欢。不过这种理论并未将心理状态视为某种表征。相反，3 岁儿童开始能够将内在状态理解为个体对外界事实的表征，因此这时儿童的认识中不仅有愿望，还有信念。按韦尔曼的说法，第一次的理论变化发生在 3 岁左右，这时儿童的认识从单纯的"愿望心理学"转变到

---

〔1〕 Bartsch, K, Wellman, H. M., *Children talk about the mind*, Oxfor, UK: Oxford Univercity Press, 1995, pp. 143~145.

"愿望—信念心理学"。3 岁儿童不仅能够将心理状态理解为指引世界状态的内在倾向，而且将其理解为对世界的表征。然而，3 岁儿童所认识的只是一种独特的表征，韦尔曼认为他们仅仅是将诸如信念之类的表征理解为对现实世界的直接复制，只是对现实世界事件状态的忠实描绘。按照韦尔曼的看法，尽管这时儿童所理解的信念是表征性的，但这种表征不是解释性的；信念被看成是对世界的忠实复制，而不是关于世界的解释，可能是对的，也可能是错的。这时的儿童仍继续按照愿望而不是信念来解释行为。例如，萨姆想找到他的兔子，但是在某个位置没有找到，儿童预测萨姆将感到不开心，并将在其他地方寻找。但是他们不知道，萨姆可能有的信念将影响着他将在何处寻找。愿望是某种指向某一客体或状态的内在体验或倾向；愿望可能得到满足或没有得到满足。相反，信念是某种关于事实的确信，它可能是真实的或错误的。第二个理论变化发生在 4 至 6 岁之间，这时儿童从复制观念转变为解释观念，即他们开始认识到表征性的心理状态（如信念等）是解释机制，而不仅仅是对现实的复制。这时最为显著的一个表现是，儿童通常理解了错误信念。他们知道一个信念为什么可能是错的（即它只是许多可能的表征之一），并且知道是一个人的信念而不是事实引导着这个人的行动。也就是说，他们知道信念为何物，并且知道信念是怎样与行为存在因果关系的：人们的行为通常不是由现实直接决定的，而是由关于现实的信念所决定的。

　　基于此，韦尔曼提出，儿童对心理状态的认识存在三个清晰的发展阶段：2 岁（愿望心理学）、3 岁（愿望—信念心理学）、4 至 6 岁（信念—愿望心理学）。韦尔曼认为，每一阶段的能力都是在前一阶段的基础上建构起来的，对愿望的认识为信念提供了基石。这些理论变化发生的发展机制不是特定的，韦尔曼明确指出，在从愿望心理学到信念—愿望心理学的转换之后，对愿望的认识并没停止，而一旦儿童理解了信念，他们的心理理论中也包含了关于两种心理状态的认识。韦尔曼强调，经验在儿童心理理论发展中扮演着某种举足轻重的角色。经验为幼儿提供不能为其当前的心理理论所解释的信息，而是为他们提供最终将引起他们修正和改进该理论的信息。

因此，经验的作用方式类似于皮亚杰的平衡化作用机制，也就是说，经验引发不平衡，并促进某种较高水平的新平衡状态即某种新理论的出现。

(三) 假装游戏

不少研究发现，早期的社会性假装游戏与儿童关于感受和信念等心理状态的认识存在显著相关，并且假装游戏技能的出现早于儿童认识错误信念（Harris，Kavanaugh，1993 年；Leslie，1987 年；Lillard，1993 年）；自闭症儿童不仅在心理理论上存在缺陷，而且他们普遍缺乏自发的假装游戏。因此似乎有理由猜测，假装游戏可能有助于心理理论知识的出现。

在儿童形成 ToM 知识的这段时间内，假装游戏确实是他们社会生活中一个不可或缺的重要内容。假装游戏具有独特的特性，只在特定的年龄阶段出现，小于 1 岁的儿童尚不能进行假装游戏；6 岁以后很少再进行假装游戏。在这几年间，儿童参与假装游戏的能力和倾向急剧发展。而且假装游戏的发展动力似乎来自儿童内部，就像语言一样，这可能是那种无需正式教育就能在各种文化中自发产生的生物演化活动之一。鉴于此，一些学者提出，在幼儿形成心理理论的过程中，假装游戏可能具有某种重要影响（作用）。例如有研究者提出"假装行为与基于错误信念的行为存在某种平行关系；二者均可能涉及实际上并不存在的情境"（Harris，Kavanaugh，1993 年）；假装所需要的许多技能，似乎正是认识心理状态所需要的（Leslie，1994 年；Lillad，1993 年）。但是，关于幼儿何时及如何认识到假装的心理表征性，以及假装与对心理状态的表征能力的发展有何关联，争议却不少（如 Leslie，1987 年；Lillard，1993 年，1998 年；Suddendorf，1999 年）。

佩尔奈（1991 年）认为，欲认识到某物是一个表征，儿童必须要能够区分表征对象与表征过程之间的差别。这种元表征的能力，是认识到心理所具有的表征性所必需的，只有具备了这种能力，才可能认识到同一物体或事件可能同时具有相互冲突的不同表征。经典的错误信念认识任务要求儿童认识到两个人可以同时从各自不同的角度表征同一物体或事件。类似的外表—事实区分任务要求儿童认识到人们对某一物体或事件的表征，可能不同于物体或事件的实际情形。许多研究业已表明，表征技能发展的年龄与儿童开始能够完成这两种心理理论任务的年龄大致相当。但从另一方面看，假装游戏最早出现于 1 岁半左右，进行假装游戏所需技能的出现时间，似乎早于儿童对错误信念的认识。因此，早期的假装游戏和心理理论的发展不可能基于同一表征能力，除非在特定的假装游戏领域存在例外的较早发展起来的表征技能。而在萨登道夫（Suddendorf，1999 年）看来，假装中包含有间接表征的能力，即使这种能力已经超越关于事实的初始表征，也并不意味着儿童已经意识到这种间接表征实质为某种心理表征（即元表征）。也就是说，即使幼儿能够对假装和事实加以区分（在间接表征和初始表征相分离的基础上），他们或许仍难以推测假装者的信念。那么，与元表征能力何时及如何发展这一问题直接相关的另一问题就是，这种间接表征如何发展到元表征？假装游戏在这种发展中是否可能起着某种重要作用？邓赐平等（2002 年，2003 年）的研究证实，早期的程式知识与幼儿对假装和错误信念的认识间存在相关，并且幼儿对假装的认识早于他们对信念的认识，同时假装认识的训练能够促进他们关于信念的认识。在排除了假装中的行为成分后，幼儿关于想象的认识仍然早于他们对信念的认识，而且这种想象认识的训练也能够促进他们对信念的认识。因此，幼儿在进行假装游戏时，一开始的确可能在很大程度上基于行为成分来认识假装，但在持续的假装过程中，幼儿会逐渐认识到假装中想象成分所具有的表征性，并且这种认识在不断被内在"重述"或抽象化、合理化的过程中，逐渐形成稳固的表征性认识，并被迁移到其他的心理状态认识中。这一过程正如幼儿首先可能基于愿望解释人们的行为，进而逐渐认识到愿望所具有的表征性，发展到关于信念表征性的认识。在这一变化过程中，最重要的或许在于其牵涉到前面提及的对作为表征装置之心理的认识。儿童发现表征过程的特征可用来解释心理表征与外在事实间并非一对一映射，这种洞察极大地促进了他们的理论发展。

　　从进化心理学的视角来看，假装游戏是那种无需正式教育就能在各种文化中自发产生的生物演化活动之一，那么幼儿所进行的假装游戏就在于能够为其认知能力发展提供某种演练的场合。正如萨登道夫所言，在物种进化过程中，有两项重要的活动可能与物种表征能力水平的发展密切相关。一种活动是好奇心驱使下的活动，一些物种形成了基于好奇心的探险行为，可用于收集关于环境的信息，以改进它内在的关于环境的观念，这特别适应于不稳定或多样的环境，因为它为在新异情境中做出灵活而恰当的反应提供了必需的信息。另一种活动是与好奇心密切相关的游戏，在进行游戏时，个体不仅需要关于环境的信息，而且需要练习对信息的反应。但动物只有在没有其他竞争性的重要动机出现时才进行这种行为。好奇探索和游戏这类学习行为必然是指向未来的，它们内在地促进下一个表征思维水平的出现。那么，对儿童个体发展而言，假装游戏似乎也应该具有这样一种促进作用，它可以在不影响幼儿适应真实的生活情境的同时，为儿童提供某种演练并发展各种认知能力的机会，而幼儿的心理理论或许正是其中最重要的认知能力之一。

另一方面，幼儿进行的假装行为，总是随着他们关于假装的认识发展水平而逐渐复杂化。早期，幼儿的假装行为是短暂的，难以将其作为假装行为加以判断。到一定时候，儿童以另外的方式脱离了情境的束缚：他们清楚地表现出他们知道自己是在装着这样做。儿童也变得能够在游戏和现实之间来回跳跃，同时一直清楚自己处于哪一个世界。在道具使用上，起初物体必须以其常见的方式呈现，以便于在假装游戏中加以使用。处于中等水平的游戏者，几乎能够利用任何可及的物体进行假装行为，但这些儿童仍然需要某种具体的道具。最后，儿童变成游戏专家，能够完全省却真实的物体。另一个发展变化涉及把自己和另一个人作为施事者或受事者的灵活性的发展。起初，儿童既是假装动作的施事者又是受事者，以后，在游戏情节中可能包括其他人和物体，先是作为受事者，然后是施事者。同样，幼儿的假装游戏也逐渐社会化和复杂化。到 5 岁时开始变成错综复杂的系统，其中包含有角色互动、机灵的即兴表演、逐渐一致的主题和迂回情节等。毫无疑问，社会性假装游戏中所产生的社会互动经验在儿童心理表征理论发展中起了重要作用。

第三节 心理理论发展的几个基本问题

一、独有还是共有——心理理论的种间比较研究

追根溯源，心理理论这一概念最早是由普雷马克和伍德拉夫在1978 年的一篇研究黑猩猩的文献中提出来的。此后心理理论成为发展心理学的一重要研究课题，形成了有关心理理论的研究热潮。但是，心理理论是人类所独有的吗？非人类物种、尤其是人类的近亲灵长类动物是否也拥有心理理论呢？这一问题一直是比较心理学、灵长类学以及动物的学习和认知发展等领域所关注的焦点问题之一。弗拉维尔（2000 年）[1]认为应对人类和灵长类动物的心理理论进行比较研究，因为这种比较研究对于了解心理理论的起源、本质，进一步理解人类心理理论的发展过程和机制非常重要。目前，灵长类动物是否存在心理理论，即在种系发展中与人类关系较为密切的灵长类能否理解自己和其他个体的心理状态，并且能够依靠这种心理推理系统来调整自己的行为，这是对心理理论进行比较研究首先要回答的问题。

（一）前人的相关研究

在非人灵长类心理理论的研究中，行为观察是最简便易行的方法。这既包括对野外自然生活的群落观察，也包括对人类所饲养的、甚至在一定程度上接受了人类文化训练的动物的观察。伯恩和怀滕（1998 年）的观察表明黑猩猩可能拥有一些心理概念；安德森·米切尔（1999 年）研究了狐猴和猕猴的视觉能力，发现后者有联合视觉定向能力，这对以视觉定向为基础的高级能力的起源的研究具有重要意义。[2]

对非人灵长类行为的观察和描述资料相当丰富，但是否能从自然和半自然状态下的行为观察得出非人灵长类拥有心理理论的规律性的结果，还缺乏强有力的证据。一方面，这种观测本身不能施加任何有意图的控制，缺乏有目的和有效的设计。对于研究的问题来

---

〔1〕 Flavell, J. H., "Development of children's knowledge about the mentalworld", *International Journal of Behavioral Development*, 2000, (24), pp. 15~23.

〔2〕 吴红顺："心理理论研究的新进展"，载《闽江职业大学学报》2002 年第 3 期。

说，其效力不强；比如非人灵长类的欺骗，单凭自然状态下的观察，还不能确定它们所谓欺骗的方法能否应用于遗传规定的情景之外。另一方面，观察的过程和对观察资料的解释，可能会受主观偏好和意图的影响。所以观察结论的信度是一个重要问题。因此一些研究者对非人灵长类的社会认知表现（特别是心理理论的表现方面）进行了大量的实验室研究。

20 世纪 80 年代以后，对非人灵长类社会认知的实验室研究逐渐增多。考察非人灵长类是否拥有心理理论的研究，主要集中在以下几个方面：非人灵长类对视知觉经验的理解；对目的和意图的理解；对愿望和信念的理解。

对视觉知觉经验理解的研究，主要是了解个体在社会交往中，能否通过对其他个体注意状态的知觉，从而建立起关于其他个体的知识或经验。研究的范式一般是考察被试能否建立起"看—知道"（seeing leads to knowing）或者"知觉—知识"（perception-knowledge）的联系。因为视觉是生物个体接受外部信息的主要通道，所以个体能否通过获得的视觉知觉信息，形成一定的表象和关于其他个体的知识，并在此基础上做出相应的行为，对个体的生存和个体间交往是非常重要的。波维内丽（1994 年）[1]测试了黑猩猩、恒河猴和 3 岁、4 岁的人类儿童能否通过视觉知觉信息，形成一定的知识。结果发现，恒河猴和 3 岁的人类小孩不能通过这样的测试，而 4 岁小孩都能完成这样的任务。黑猩猩则有些不能通过，有些经过了一些试次后也能选对。Reaux 等人[2]（1999 年）发现，黑猩猩能够把正在观看它们的实验者和没看它们的实验者的注意状态区别开，但它们好像不会把视觉知觉理解为一种注意的内部状态。黑尔等人（Hare，2000 年）[3]采用盯视跟随（gaze-following）和社会竞争（social

---

〔1〕 Povinelli, D. J., "What chimpanzees (might) know about the mind", In: Richard W., Wrangham, W. C. McGrew, Frans B. M. de Waal, Paul G. Heltne ed. *Chimpanzee Cultures*, London: Harvard University Press, 1994, pp. 285~299.

〔2〕 Reaux, J. E. et al., "A longitudinal investigation of chimpanzees' understanding of visual perception", *Child Development*, 1999, (70), pp. 275~290.

〔3〕 Hare, B., Call, J., Agnetta, B., Tomasello, M., "Chimpanzees know what conspecifics do and do not see", *Animal Behaviour*, 2000, (59), pp. 771~785.

competition）的实验范式，对黑猩猩是否会利用视觉知觉经验来推测其他个体的知识状态，并采取相应的行动来解决问题进行了研究。他们发现等级较低的个体会取走放在屏障物后高等级个体看不到的食物，而不取高等级个体能看到的食物。从而可以推测在实验中，等级较低的黑猩猩知道等级高的个体看到了食物意味着什么；当高等级个体没有看到食物放置的地点时，又会有一种什么样的暂时的知识状态。由此他们主张，黑猩猩的社会交往可能受它们关于社会情境的知识调节。但考尔（Call）也认为这并不必然意味着黑猩猩能对其他个体的视觉经验形成表象，或者理解其他个体拥有不同于自己或不同于事实的信念。

对目的和意图的理解的研究。有些研究者试图采用其他研究方法，来测试非人灵长类是否能理解目的和意图。Uller 和 Nichols[1]利用"观看时间方法"（looking time methodology）的实验技术，发现黑猩猩能进行目的归因。戈麦斯（Gemez）曾测试了大猩猩对人意图的归因能力，结果大猩猩也同黑猩猩一样，有对简单意图的归因能力。但他认为也许大猩猩并不需要心理理论。他借鉴巴伦·科恩用来解释自闭症儿童的心理理论缺损的模块理论模型来解释研究的结果，认为大猩猩只需要意图检测机制（Intentionality Detector，ID），眼睛方向检测（Eye Direction Detector，EDD）和共享注意机制（Shared Attention Mechanism，SAM），就可以实现对其他个体意图的识别和归因，而不必然拥有心理理论模块机制（Theory of Mind Module：ToMM）。[2]

对信念和愿望的理解的研究。对信念和愿望的理解，在心理理论的不同心理状态理解中属于较高层次。考尔和托马塞洛（1999年）[3]采用实验室研究的方法，试图设计不同于传统错误信念任务

〔1〕 Uller, C., Nichols, S., "Goal attribution in chimpanzees", *Cognition*, 2000, (76), pp. 27~34.

〔2〕 Scott, S., "Chimpanzee Theory of Mind: A Proposal from the Armchair", *Carleton University Cognitive Science Technical Report*, 2001－06, http://www. carleton. ca/iis/TechReports.

〔3〕 Call, J., Tomasello, M., "A nonverbal false belief task: The performance of children and great apes", *Child Development*, 1999, (70), pp. 381~395.

的非言语错误信念测试，来测查人类儿童和大猩猩的错误信念理解
能力。他们采用藏和找的游戏任务，来测验被试是否能理解错误信
念。实验的结果不支持大猩猩具有能对他人的错误信念进行归因的
主张。

从以上的研究综述可以看出，采用不同的研究方法和实验范式，
针对不同的研究内容，得出的结果是不一致的。那么黑猩猩有心理
理论吗？如果有，与人类相比，非人灵长类对心理状态的理解发展
到什么程度，目前没有一致的结论。但从目前已有的研究结果来看，
也许如普雷马克和伍德拉夫所说，在最弱的意义上说，黑猩猩可能
也拥有一定程度的心理理论。

（二）当前研究中存在的困境

虽然心理理论的概念仍旧没有超出普雷马克和伍德拉夫的框架，
但发展心理理论领域对这一课题的研究已经发展出许多不同的实验
范式，所考察的范围也相当广泛。特别是对于心理理论在人类儿童 4
岁之前的发展的研究是一个重要问题，因为它涉及这一能力或者推
理系统的起源和基础。无疑这就牵涉到非人灵长类和人类的发展和
进化的连续性和变化。波维内丽和冯克（2004 年）[1]主张人类有心
理理论，而黑猩猩没有心理理论，但托马塞洛（2004 年）[2]认为这
样的说法有些非黑即白的误导倾向。如果把心理理论的内涵扩展到
社会认知的广泛范围之内，那么就不能说黑猩猩没有像人类一样的
对其他个体心理状态的理解，就认为它们不能理解任何心理过程。
比如人类的儿童，一般到 4 岁才理解错误信念，但现在有一系列的
实验表明 1 至 2 岁的儿童也能够理解"看"这一行为的潜在心理过
程以及愿望和有目的行为背后的心理状态，虽然他们并不能用明确
的语言来表达。所以，如果仅仅把是否通过错误信念测试作为获得
心理理论表征的标准，那么 4 岁前的人类儿童就没有心理理论了，
这显然是不符合儿童发展实际的。

---

　　[1] Povinelli, D. J., Vonk, J., "Chimpanzee minds: suspiciously human?", *Trends in Cognitive Sciences*, 2003, (7), pp. 157~160.

　　[2] Tomasello, M., "Primate cognition: Introduction to the issue", *Cognitive Science*, 2000, (24), pp. 351~361.

另外，实验设计和社会生态学效度问题，是目前心理理论比较认知研究面临的另一困境。作为实验设计来说，针对所要考察的问题设计恰当而严谨的实验是解释结果效度的关键。然而作为非人灵长类包括其他动物这类特殊被试，因为没有像人类语言一样的符号交流系统，当面对的是人类实验者时，就增加了实验设计的难度。比如用意外地点任务来测试黑猩猩的错误信念理解能力，斯科特（Scott，2001 年）[1]提出可以让被试黑猩猩观看由黑猩猩自己表演的非言语任务，然后再让它去解决问题，即去哪儿找食物。但让黑猩猩来表演这样一种符合要求的实验情境是很难做到的，这也是目前心理理论比较认知研究很难解决的问题。

现场观察研究的好处就是能够采集到很多真实的、接近于非人灵长类自然生活状态的资料，但是对于我们想要研究的一些问题，则不能进行具体而细致地控制和干预。而以人类饲养的，受到人类文化影响的，甚至接受了一定训练的动物为对象，进行实验室研究，面对的又是人类实验者时，就存在着社会生态学效度问题。要使人为情境中所观察到的差异和变化接近于现实生活中的发展变化，就是目前所强调的研究中的社会生态学效度问题。所以如何解释和分析实验结果，以及结果有多大的一般性意义，是我们不得不关注的问题。

文化是造成以上两方面困难的重要原因。黑猩猩和人类的文化有很多相似之处，比如都有很多活动模式，而且依靠社会性的学习代代相传，帮助后代以更为有效的和花费代价最小的方式适应环境，等等。但是它们之间存在的一个很大差异是人类的文化可以依靠效率更高的间接传递方式，比如成熟的语言系统的使用，使得人类的信息传递可以超越时空的限制，甚至可以传递不同的信息。虽然不否认非人灵长类也有自己的类似语言的交流系统，但从各方面来说都是和人类的语言不可比拟的。把人类儿童和大猩猩相比，研究存在的一个问题是，人类儿童被试面对的是一个人类同种个体的文化

〔1〕　Scott, S., "Chimpanzee Theory of Mind: A Proposal from the Armchair", *Carleton University Cognitive Science Technical Report* 2001-06, http://www. carleton. ca/iis/Tech Reports.

和交往环境，而大猩猩虽然有与实验者相处的经验，但毕竟它们所面对的是非同种个体的文化和交往环境，而使用大猩猩同种个体的文化和交往环境来代替，又是非常困难的。也许人类是唯一可能理解心理状态的物种，但从对非人灵长类的社会认知研究倾向上来说，托马塞洛等认为这种观点把问题过于简单化了。他们认为，如果还只是按照是否拥有这种单一集成式的心理理论来分析和讨论黑猩猩的社会认知问题，那么社会认知的进化和个体发生学的研究就很难取得进步。

（三）进一步深化心理理论比较研究的思路

非人灵长类到底在多大程度上能理解其他个体的心理状态，并依靠这种理解来调节行为？海斯（Heyes）认为非人灵长类的一些行为能力不能作为有心理理论的证据。[1]我们没有找到确切的实验证据前，不应该再简单地问这样的问题，因为我们还没有恰当的实验设计能证明非人灵长类是否存在心理理论。对有关研究的讨论主要应该是两个方面：第一是能力，即非人灵长类是否确实存在有关的能力，如欺骗等。第二是效度，如果存在这种能力，它能够说明心理理论吗？比如关于自我镜像认知的研究，首先，非人灵长类是否具有能够运用镜像作为自我身体探索的能力？其次，这种自我镜像行为是否涉及自我概念？前者涉及灵长类运用什么环境线索来引导它们的行为，后者说明引导它们运用这种线索的是心理过程而不是其他。针对研究设计来说，要求实验设计和测试程序能够把心理理论假设和灵长类行为的非心理理论解释区别开。野外的和实验室的研究都应该涉及实验操纵（以前的某些实验室研究还是接近于观察）。对实验对象而言，用普遍性的程序来比较猴子、类人猿和儿童的行为，比单纯研究类人猿更容易获得明确的证据。

比较心理学研究表明，多数动物物种的成员不能识别它们自身，或把如信念或愿望那样的心理表征归因于同种。可以说它们完全缺乏元表征的能力。但像灵长目那样的高智力社会动物，被认为已进

---

[1] Povinelli, D. J., Preuss, T. M., "Theory of mind: Evolutionary history of a cognitive specialization", *Trends in Neuroscience*, 1995, (18), pp. 418~424.

化了一种通过识别其心理状态来解释和预测他人的能力。丹尼特曾把某些灵长目描述为"二级意向系统"——能具有"关于信念和愿望的信念和愿望"。如二级意向系统能蓄意欺骗。在二级意向系统的群体中,三级意向系统通常处于真正的优势,只是因为它能看穿欺骗。同样,在三级意向系统群体中,四级意向系统更是具有真正的优势——有欺骗他人并且避免自己被欺骗的更大能力。因而被某些人种学证据所支持的假设是:灵长目发展了一种策略性的"马基维利亚式的智力"(Machivellian intelligence)——涉及更高层次的元表征能力。目前,这些进化的和人种学的论证,与关于灵长目的元表征能力的实验研究——普雷马克等的《黑猩猩有心理理论吗?》(1978年)这一先驱论文开始——部分是一致的,部分却是相冲突的。

虽然关于其他灵长目元表征能力的水平,仍然有争议,但人类的这种能力是没有争议的。现已基本达成共识的是,人类后裔可能是唯一形成了元表征能力的真正不断上升的人类。

二、建构抑或天赋——心理理论的发展机制之争论

(一) 心理理论的建构观

先天与后天、遗传与环境在儿童心理发展中的作用孰重孰轻一直是儿童认知发展研究中的经典命题。就普遍而言,绝大多数的心理学家都承认两者在儿童心理发展过程中都具有重要作用,片面强调某一方面都是极端的、机械的。但是就具体问题而言,情况却又异常复杂、另当别论。

理论论将儿童心理理论的发展视作一个动力学系统运作的过程。根据韦尔曼儿童心理理论发展三阶段论,我们能够明确地了解儿童心理理论建构的过程与儿童和外部环境之间的互动方式密不可分,而且被建构的心理理论不是静态的,按其本质是动力学的,并始终向变化开放。这显然是理论论者把科学理论的特征应用于儿童心理理论发展的结果。根据这种观点,发展的过程本质上是"假设检验"的过程。儿童的心理理论开始于简单地用推理预测结果的行动。起初,儿童完全用他们已有的理论知识去观察这个世界。当出现与他们的理论相反的证据时,儿童一开始只是忽视或蔑视这种事实。然

而随着反证的不断积累，儿童的理论知识便发生了转换。[1]

模仿论则十分强调儿童自我反思的经验，认为人类能够使用他们自己的心理资源来"模拟"他人行为。该理论认为，儿童可以利用他们关于自己心理状态的认识，通过模拟获得对心理状态及其与行为间因果联系的认识。也就是说，模拟论强调儿童自我反思的经验，强调信念和愿望是儿童真正在体验的心理状态；认为儿童不是直接根据自己的信念和愿望的有关规律来预测他人的行为，他们通常是先假装自己具有跟他人一样的心理状态，进而想象他人的愿望和信念，然后设想他们会如何行动。儿童先是直接意识到了自己的愿望与信念，接着再模拟他人的愿望和信念，即儿童首先知道了自己的心理状态，然后才知道他人的心理状态。[2]"模拟论"研究常用的方法是在"假装"的情境中，通过"扮演角色"或"使自己处于他人的地位"来进行的。据此，该理论认为，儿童的假装游戏或角色采择的练习，可以帮助他形成越来越高级的心理理论。

这种解释无疑更符合我们的日常经验，而这种内心的模仿能力同样需要在社会性情境中不断加以锻炼才能变得精确化。另外也可以在这两种理论对儿童心理理论发展的文化差异的关注中找到这两种元理论重视后天经验建构的依据。如有研究显示家庭成员，特别是兄弟姐妹的人数会影响学前儿童在错误信念任务上的表现。按照理论论的解释，造成这种差异的原因是有较多兄弟姐妹的儿童较之缺少兄弟姐妹的儿童在进行理论建构和假设检验的机会上要多，形式上要丰富。因此，理论得以在这个互动过程（比如假装游戏）中不断得到检验、修正，甚至推翻或重构。而根据模仿论的解释，家庭成员越多，越能为儿童的心智化模仿提供各种不同情境的检验机会，从而可以使其心理理论变得更复杂、更精确化。可见，就对儿童心理理论来源的假设来看，经典模仿论与理论论的主张实际都是承认后天建构的重要性。

[1] Gopnik, A., "The theory theory as an lternative to the innateness hypothesis", In Antony L., Hornstein N. (ed.), *Chomsky and his critics*, Blackwells, Oxford, 2003, pp. 15~17.

[2] Harris, P. L., "From Simulation to Folk Psychology: The Case for Development", *Mind and Language*, 1992, 7 (1), pp. 120~144.

（二）心理理论的天赋观

与理论论和模拟论不同的是，模块论强调的是先天基础。模块论认为幼儿心理知识的获得是通过处理动因性（agent object）和非动因性客体（non agent object）的特定范畴的模块机制的神经相继成熟而实现的，也就是说，儿童先天存在的模块化机制在神经生理上达到成熟时，便获得对心理状态的认识。即影响儿童"心理理论"发展的是神经成熟，而不是来自理论的修正，经验只不过在身体成熟期间对几个心理理论起着某种触发作用。[1]模块论反对理论论所持儿童心理理论发展所呈的阶段观，认为婴儿在某些领域有着令人惊讶的知识，而在其他一些领域则表现出令人惊讶的无知。在某些类型的学习方面，由进化而来的对某些概念具有领域特殊性的能力倾向为婴儿提供了某种认知的优越条件。因此，模块论认为指引儿童心理理论发展的是神经成熟，而不是来自理论的修正。经验只不过在身体成熟期间对儿童的心理理论起了某种触发作用而已。这也就是说，从生物学的意义上来看，婴儿和学步幼儿已经被预先设置好了，能够加工大量源自他们生活世界的关于社会客体的信息，并且神经科学研究正在努力确认心理理论的神经基础。[2]

模块论关于心理理论天赋性的主要支持论据来自进化心理学和发展心理学的研究。进化心理学的创始人之一巴斯（D. M. Buss）提出，可以用进化的观点来理解人类心理或大脑的机制，通过自然选择的进化是唯一能够产生复杂的生理和心理机制的过程。[3]目前已有大量进化心理学证据表明，灵长类动物在其社会情境中似乎也能对同伴相对简单的心理状态（如低级的动作意图、恐惧情绪）进行推测。如果把这些能力看作灵长类动物心理理论的萌芽，不仅符合

---

〔1〕 Leslie, A. M. , "ToMM, ToBM and Agency: Core Aechitectu and Domain Specificity", *Hirschfeld L. A. , Gelman S. A. , Mapping the Mind: Domain Specificity in Cognition and Culture Cambridge*, England: Cambridge University Press, 1994, pp. 145~157.

〔2〕 Baron-Cohen, S. , "Precursors to a theory of mind: Understanding attention in others", *In the theory of mind: origins, development, and pathology*, Camaioni L ed, Blackwells, 1999, pp. 134~141.

〔3〕［美］D. M. 巴斯：《进化心理学：心理学的新科学》（第2版），熊哲宏、张勇、晏倩译，华东师范大学出版社2007年版，第15~17页。

心理理论定义，而且说明心理理论的确可能存在某种天赋的模块。当前发展心理学的研究也显示，正常儿童在获得心理理论之前就表现出一些类似能力发展的先兆，例如婴儿在很早的时候便表现出对母亲声音的辨识、对同伴情绪状态的共情、对他人动作意图的理解等，而自闭症患者似乎很早就在这些方面上表现出异常。

当然模块论的主张在前进道路上也并非一帆风顺。根据模块论的假设，儿童出生时就事先储存了一套完整的心理状态概念，其作用方式与进程事先有着详细的规定，这样一来就只给后天建构留下了很小的余地。而实际上，心理理论发展的出生顺序效应等事实均在一定程度上表明环境输入在心理理论发展中的重要作用，这表明环境的作用应该不仅仅是一个启动器或触发器。再则，从理论结构本身来看，模块论研究者对模块启动的机制尚未充分探明，对经验、学习等后天环境因素在心理理论发展中的作用力及其作用的机制还缺乏论述与解释。儿童先天的心理理论模块功能是如何被社会文化背景和儿童经验启动的？后天因素究竟可以在多大程度上并以何种方式对心理理论模块产生影响？对于这些问题，模块论的阐述均存在含糊和回避之处。

（三）二者的关联

理论论、模仿论与模块论之间的争论一方面代表了当前儿童心理理论研究领域内对认知发展的两种认识论视角，另一方面，在这场争论中，我们发现以经验建构为代表的理论论和模仿论更多地以传统行为研究为主，而以天赋遗传为代表的模块论更多借助新兴的认知神经科学等研究成果，这种方法论差异的背后实际上彰显了当代心理学发展中新老势力的角逐。我们认为汲取对方的优势，并不代表着一种妥协，反而可能获得新的发现。不过相对而言，模块论的研究较难用传统行为实验加以论证，但可以更多地考虑设计一些相关研究来考察如今已经基本确认的具体模块性特征（比如抑制控制、意图理解模块等）与后天经验建构之间的关系。而理论论和模仿论则也可积极采用认知神经科学的方法进行论证，在这方面萨克西（Saxe）和加乐瑟（Gallese）的工作值得引起关注。通过上述途径对有关心理理论的元理论进行整合，才能进一步明晰建构与天赋在儿童心理理论发展中的具体作用方式。

三、领域特殊还是领域普遍——心理理论与其他心理结构的关系

领域特殊性的基本涵义是：在知识结构、推理样式以及获得知识的机制在跨越不同内容领域方面都是不同的这一范围内，认知能力是领域特殊的存在着一些完全不同的发展路线，它们之间是相互独立的（每一特殊领域有一个专门的机制支配着）。这是与以皮亚杰、维果茨基为代表的"领域普遍"观相对立的。领域普遍观认为，只存在一条单一的发展路线，它决定着儿童认知所有方面（所有内容领域，如逻辑、数、空间、客体等）的发展。

也许是受现代科学主义思维的影响，许多研究心理理论的心理学家，尤其是"模块论"的倡导者都主张心理理论的发展是领域特殊的。如莱斯利（1994 年）[1]等人认为，儿童心理知识的获得是通过三个特定范畴的模块机制（ToBM、ToMM1、ToMM2）相继神经成熟而实现的，这三种模块分别对应于儿童达到理解力或主体"理论"的三种不同水平，平行且依据各自的特点和输入发展，分别在儿童的不同发展阶段上启动。实体理论机制（Theory of Body Mechanism, ToBM）模块专司物理原因问题，应对机械动因，它使婴儿认识到动因性客体有内在的能量使它们能自己运动，在婴儿 3 至 4 个月时开始启动。心理理论机制（ToMM）模块，专门负责理解各种心理状态，处理动因性客体的意向性或指代性，又分为 ToMM1 与 ToMM2，其中 ToMM1 应对行为动因，它使儿童认识人和其他动因性客体，在 6 至 8 个月时启动，ToMM2 应对态度动因，它使儿童能够表征动因性客体对命题真实性所持有的态度，如假定、认为、想象、希望等，在 18 至 24 个月时启动。巴伦·科恩[2]等人认同莱斯利提出的心理

〔1〕 Leslie. A. M., "ToMM, ToBM and agency: core architecture and domain specificity", In L. A. Hirschfeld S. A. Gelman（eds）, *Mapping the mind: domain specificity in cognition and culture*, NewYork: Cambridge University Press. 1994, pp. 119~148.

〔2〕 Baron-Cohen, S., "The evolution of a theory of mind. InM. C. Corballis &S. Lea（eds）", *The descent of mind: psychological perspectives onhominid evolution*, Oxford, UK: Oxford University Press. 1999, pp. 261~277.

理论机制模块，并进一步提出了四成分模型。四个成分分别是意图觉察器、视觉方向觉察器、共同注意机制和心理理论机制。这四模块各司其职，并且有不同的启动时间。在儿童出生时，前两个模块就处于启动状态，意图觉察器负责加工目的和愿望行为，视觉方向觉察器负责加工眼睛的行为，而共同注意机制模块在儿童10至12个月时才开始启动，负责检测个体和他人是否正在注意同一客体，心理理论机制模块启动则更晚。

尽管不同研究者对心理理论的模块性有着不同的诠释，但作为模块论者，他们对于心理理论都有着共同的基本假设：心理理论具有先天基础、具有领域特殊性的模块化倾向。

但是，威默和佩尔奈研究发现，3至4岁与4至5岁儿童的心理理论测验成绩存在显著差异，[1]而且弗拉维尔等人[2]也发现，3岁儿童只能理解事物的一种解释或者表征，还不能理解对同一事物的相互矛盾的两种表征。只有到4岁以后，儿童才能明白物体既可以用其外表来描述，也可以用其本质来表征，从而具备区分外表与真实的认知能力。一般认为，儿童的心理理论在4至5岁左右开始形成，其标志是成功地完成"错误信念"任务。哈瑞斯也曾提出，儿童对其他人的心理状态的认识部分地来源于他们的假装游戏。这种假装的能力，或许是基于他们对他们自己的心理状态的觉知和想象自己处于各种不同心理状态中的能力，使他们能够想象他们自己想要食物，以及想象如果自己得到食物时感到高兴，因此他们可能将这些心理状态模仿性地迁移到其他人身上。一旦儿童能够建构这种其他人的愿望，则他们就能够预期这个人试图达到这一目标的行为，以及源自该愿望得到满足或没有得到满足时的情绪。因此，通过某种"现象的引发作用"（Phenomenological bootstrapping），幼儿就能

---

〔1〕 Wimmer, H., Perner, J., "Beliefs about beliefs: Representation and constraining-function of wrong beliefs in young children's understanding of deception", *Cognition*, 1983, (13), pp. 103~128.

〔2〕 Flavell, J. H., Green, F. L. and Flavell, E. R., "Development of knowledge about the appearance reality distinction", *Monographs of the Society for Research in Child Development*, 1986, (51), p. 212.

利用他们对自己感受、愿望以及其他心理状态的觉知，去推测他人的心理状态，并在发展过程中建构更一般的心理概念。

另外，莱斯利认为人与生俱有的即心理理论模式是人赖以进行"元表征"的认知基础，自闭症患儿的这种元表征机制被损害，所以他们就不能认识心理状态，也无法完成那些需要赋予心理状态的任务。但是，也有人认为，自闭症患儿的心理表征能力缺损是由于弱的中心信息整合造成的，因为自闭症被试在需要局部信息任务上表现出优势，而在需要确定整体意义的任务上成绩较差。哈佩（1997年）[1]用同形异义词（Homographs）——词的拼写相同但有两种意思和两种发音，来看自闭症患者是否用句子情景来决定同形异义词的发音（也就是消除同形异义词的歧义）。与正常儿童和阅读障碍儿童相比，自闭症患者不能根据句子情景来消除同形异义词的模糊性。乔利夫（Jolliffe）和巴伦·科恩（1999年）[2]除了用同形异义词的方法，还使用局部一致性测验（Local Coherence Inferences）和歧义句子测验（The Ambiguous Sentence test）前者是让被试读几个分句，从中选出一个句子来和测试句子相匹配，后者是用听的方法提供给被试一个情景，让其消除某个词的模糊含义。实验证实了弱的信息整合理论的假设。除此之外，还有人发现，自闭症儿童在记忆测验中不能像正常人那样从意义方面受益。正常人回忆句子要比回忆无关联的字串好得多，这种回忆句子的优势在自闭症患者身上则非常小。自闭症儿童也不能利用语义关系（同一类与不同类别的词）或语法关系（句子与字串）来帮助回忆。这些实验研究证明，自闭症儿童存在弱的信息整合，这从另一侧面证明心理理论的发展是领域普遍的。

戈罗德曼（2007年）认为，我们无法确信存在这样一套能够定义心理概念，并能为人们所接受的类规律概括。即使我们可以尝试

〔1〕 Happe, F. G. E., "Central coherence and theory of mind inautism: reading homographs in context", *British Journal of Developmental Psychology*, 1997, (15), pp. 1~12.

〔2〕 Jolliffe, T, Baron-Cohen, S., "Linguistic processing in high-functioning adults with autism or Aspergersyndrome: Can local coherence be achieved? A test of central coherence theory", *Cognition*, 1999, (71), pp. 149~185.

着详细阐述这些似乎存在的规律，但这与我们是否真正拥有这样的规律是两回事。假如人们的确具有这样的一套规律体系，即通过心理状态与其它心理状态或外部事件的联系完成对心理状态的归属，那么我们不得不通过"其他的其他的"心理状态来归属其他心理状态，进而陷入无限倒推，无法实现归属心理状态的任务。即使可以完成，我们也必定要花费大量的时间和精力，而这是实际经验所不允许的。因此，心理理论发展的领域普遍性观点更符合理论的推理和实践的验证。

四、社会知觉成分与社会认知成分——心理理论的结构观探讨

在心理理论的研究领域，人们对心理理论这个概念的内涵和界定一直比较模糊。心理理论作为一个科学概念，按照系统论的原则，应该有不同的层次之分，即包括不同的子系统。已有的儿童发展、神经生理、病理学以及相关研究分别提供了这方面的线索和证据。在前人研究的基础上，塔格·弗拉斯勃格和沙利文（Tager - Flusberg, Sullivan, 2000 年）[1]从主体信息加工的角度出发首次提出了一个心理理论模型，认为心理理论包括两个成分：一个是社会知觉成分，一个是社会认知成分。

社会知觉成分属于人的知觉范畴，包括区分人和客体，对人们的面部表情和身体姿势所反映的心理状态进行在线的迅速判断，这是一种内隐化的推论他人心理状态的过程。它主要和情绪系统有关，与语言等认知功能相关很低。那些要求被试从他人的面部表情、声音和行为动作等信息迅速判断其意图、情绪等心理状态的任务可能会用到社会知觉成分，例如，被试从眼睛照片中判断人物的情绪。社会知觉成分出现得较早，甚至新生儿对社会性刺激，尤其是人的面孔和声音，会表现出不同的反应，在快满 1 岁时，婴儿可以使用眼睛注视来推断他人想干什么。它的神经基础可能在杏仁核等脑区。自闭症病人在这方面存在不足，而威廉姆斯综合征（Williams Syn-

---

[1] Tager-Flusberg, H., Sullivan, K., "A componential view of theory of mind: evidence from Williams syndrome", *Cognition*, 2000, 76 (1), pp. 59~90.

drome，WMS）病人则保持得比较好。社会认知成分主要和认知加工系统有关，与语言等能力关系密切，需要在头脑中对他人的心理状态进行表征和推理加工。错误信念任务就是一个典型的社会认知任务。社会认知成分在儿童 3 岁左右出现，儿童开始谈论和推论意识状态；在 4 岁时已经很牢固了，此时他们能通过错误信念任务和其他表征性的心理理论任务。和该成分有关的脑区可能在前额叶皮层。自闭症和 WMS 病人在这个成分上都有缺损。

　　总之，心理理论的两种成分有不同的神经——认知机制和不同的发展时间表，社会知觉和认知能力一起建构了心理理论。在日常生活中，这两种成分紧密联系，存在着交互作用。塔格·弗拉斯勃格等人认为社会知觉成分可能是社会认知成分的发展基础。

第六章
儿童心理理论的研究范式与研究领域

第一节　儿童心理理论的研究范式

一、儿童心理理论的经典研究范式

从皮亚杰的"三山"实验和弗拉维尔的"现象与现实"研究，一直到 20 世纪 80 年代末出现的"错误信念"模式，儿童心理理论的研究经历了逐步深入与扩展的过程。在"心理理论"的研究过程中，研究者编制了很多的实验任务，任务的形式多样、难度不同、适用对象也不一样，针对不同的研究目的和根据由易到难的原则主要有以下几种类型。

（一）"区分心理世界与物理世界"的实验

理解到心理世界与物理世界的不同是儿童认识和理解心理世界的基础，这类实验包括：（1）区分想象与现实：对儿童讲一个故事，故事中一个人具有一种心理经验，另一个人具有一种物理经验，然后让儿童判断哪个人可进行某种操作。如韦尔曼等人向 3 岁儿童呈现甲、乙两个人物，告诉儿童甲有饼干，乙正在想饼干，然后让儿童回答谁的饼干可以被故事中的人物看到或摸到？[1]（2）理解大脑功能：提问儿童大脑有什么功能和作用。心理功能和物理功能。[2]

---

[1] Wellman, H., Estes, "Early understanding of mental entities: a reexamination of childhood realism", *Child Development*, 1986, (57), pp. 910~923.

[2] Baron-Cohen, S., "Are autistic children behaviorists? An examination of their mental physical and appearance‐reality distinctions", *Journal of Autism and developmental disorders*, 1989, (19), pp. 579~600.

（3）再认心理词汇：向儿童随机呈现一些词，其中一些是心理词，如"梦想、希望、想象"等，另一些是非心理词如"跑、吃、动"等，然后让儿童挑出心理词。（4）图片故事理解：巴伦·科恩、莱斯利和弗里斯（Frith）给儿童三个故事，每个故事有 4 张顺序混乱的图片，要求儿童按正确的顺序排列，并解释故事发生的事件。[1]

（二）理解看见（seeing）和知道（knowing）之间的关系

普拉特（Pratt）和布莱恩特（Bryant）采用一幅图画进行实验，图中两个儿童站在一个开口盒子两边，一个儿童在向盒子里面看，另一个儿童手扶盒子站直向前看。当问被试谁知道盒子里是什么，3 岁儿童能推理说向里看的儿童知道盒子里有什么。[2] Masangkay 等人在实验中利用一幅卡片，卡片的一边画着一只猫，另一边画着一只狗。让卡片一边对着实验者，另一边对着儿童。要求儿童回答实验者和儿童各看到什么。[3]

（三）理解外表与真实的区别

这种心理理论能力使儿童从形式和本质两个方面深入全面地认识事物。弗拉维尔等人曾向儿童呈现一块岩石状的海绵。让儿童离这块海绵一段距离，这样海绵看上去是一块岩石。然后再让儿童去触摸海绵，儿童会发现它是一块海绵。然后问儿童两个问题：它像什么？它实际上是什么？

（四）对他人行为的预测

韦尔曼通过故事法研究了 4 岁以前儿童对他人行为的预测问题。故事中的人物叫山姆。他想找到他的兔子然后把兔子带回学校去。

〔1〕 Baron-Cohen, S., Leslie, A., Frith, U., "Mechanical, behavioral and intentional understanding of picture stories in autistic children", *British Journal of Developmental Psychology*, 1986, (4), pp. 113~125.

〔2〕 Pratt, C., Bryant, P., "Young children understand that look in leads to knowing (so long as they are looking into a single barrel)", *Child Development*, 1990, 61, pp. 973~983.

〔3〕 Masangkay, Z. S., McClaskey, K. A., McIntyre, et al., "The early development of inferences about the visual percepts of others", *Child Development*, 1974, (45), pp. 237~246.

实验者告诉儿童，山姆的兔子被藏在两个地方中的一个。让儿童看到山姆到一个地方找。在这个地方山姆要么找到了他的兔子，要么找到的是一只狗。在山姆找了一个地方后，问儿童"山姆是到另一个地方去找，还是到学校去？"韦尔曼等人还做了一个实验：向3岁儿童呈现两个位置（一个是书架，另一个是玩具箱子），让儿童看到书架和箱子里都有书。然后向被试介绍并提问："有一个儿童叫爱米，她不知道箱子里有书，爱米想找一些书，那么她会到哪里去找？"[1]

（五）"误念认知"的实验

错误信念（false belief）是儿童心理理论的起源性研究内容，是最重要的研究角度之一。"意外转移"和"欺骗外表"两个实验是一级错误信念，根据嵌套层次有二级错误信念实验。①意外转移（un-expected-transfer）任务。威默和佩尔奈给儿童呈现"男孩马克西和巧克力的故事"。马克西把一些巧克力放到了厨房的一个蓝色橱柜里，然后离开了厨房，他妈妈把巧克力移到了绿色橱柜里后离去。马克西回到厨房想吃巧克力。问儿童马克西将到哪里找他的巧克力？巴伦·科恩、莱斯利和弗里斯编制了一个较为简单的"萨莉—安妮"（"Sally-Anne"）实验：[2]向儿童呈现两个洋娃娃。一个叫萨莉（她身边有一个篮子），另一个叫安妮（她身边有一个盒子）。萨莉把一个小球放到篮子里，然后用一块布盖在篮子上离开了。当萨莉不在时，安妮把小球从篮子里拿出来放到盒子里。过了一会萨莉回来了。向儿童提问："萨莉会到哪里去找她的小球？"②欺骗外表（deceptive-appearance）任务。佩尔奈，Leekam和威默向儿童出示一个糖果盒，从盒子外观可以看出盒子里盛的是什么东西，问盒子里盛的是什么。在儿童回答是糖果后，实验者打开盒子，里面盛的却是一支铅笔。然后把铅笔放回盒子盖上，问儿童："其他孩子在打开盒子之前认为盒子里装的是什么？你自己一开始认为盒子里装的是

〔1〕 Bartsch, K., Wellman, H., *Children talk about the mind*, New York: Oxford University Press, 1995, pp. 143~173.

〔2〕 Baron-Cohen, S., Leslie, A., Frith, U., "Does the autistic child have a theory of mind", *Cognition*, 1985, (21), pp. 37~46.

什么？③二级错误信念。佩尔奈和威默编制了故事研究儿童的二级错误信念。"[1]故事是：约翰和玛丽在公园里玩，他们看到了一个人在卖冰淇淋。玛丽想买冰淇淋，但身上没有带钱。她就回家去取钱，约翰回家去吃午饭，而买冰淇淋的人则离开公园到学校去了。玛丽拿着钱往公园走，这时她看见卖冰淇淋的人正往学校去，她问卖冰淇淋的人要往哪里去，并说她要跟他去学校买一块冰淇淋。约翰吃完午饭来到玛丽家，玛丽的母亲告诉他玛丽去买冰淇淋了。约翰离开玛丽家去找玛丽。讲完故事后，实验者问儿童"约翰认为玛丽去哪里买冰淇淋了？"

　　研究结果表明：在实验 1 中，四分之三的 3 岁儿童能区分物理客体和心理客体，4 岁儿童能挑出心理词，而 3 岁以下的儿童却难以完成。实验 2 中，3 岁儿童对看见一个物体和知道这个物体之间的关系已有所了解，能认识到他自己和实验者所看到的卡片是不一样的。3 岁儿童还能意识到，如果人们看到什么东西，他们就会知道这个东西的存在，反之，如果他们看不到这些东西就不会知道它们的存在。实验 3 中，3 岁儿童还不能同时理解对同一物体的两种相互矛盾的表征。当儿童知道它是一块海绵时，儿童对两个问题的回答都是"它是一块海绵"，也就是说这个年龄段的儿童对事物的表征或解释只有一种。实验 4 中，2 岁儿童能做出正确回答：如果山姆找到了兔子，他就会到学校去；如果他找的是一只狗，那么他就会继续去找他的兔子。换言之，儿童是根据对他人欲望的了解来预测其行为的。后一个实验发现大多数儿童认为爱米会到书架上找书，该实验表明 3 岁儿童已能初步认识到信念与行为的关系。实验 5 的一级错误信念实验结果发现 3 岁儿童一般回答为："蓝色橱柜里"和"一支铅笔"，而 4 岁的儿童认识到表征可能是错误的，并且是可以变化的。也就是说，4 岁的儿童通常理解了错误信念，而 3 岁的儿童则没有这种认识。在二级错误信念实验中研究发现 6 岁儿童才能正确完成该

---

〔1〕　Perner, J., Wimmer, H., "John thinks that Mary thinks that...: Attribution of second order beliefs by 5~10 year old children", *Journal of Experimental Child Psychology*, 1985, （39）, pp. 437~471.

任务。从这些实验中我们发现，3 岁儿童在外表—事实和错误信念实验中的困难相当牢固，而 4 岁儿童则表现出明显的容易。

（六）针对成年人心理理论研究的实验设计

目前对成年人心理理论的研究还不多，因为研究成年人要考虑的因素太多，但也有研究者略有尝试。比如回避型错误信念任务，任务如下：假定 M 想要把他的干净帽子放进一个盒子里，这里有红、黄、灰三个盒子，他发现黄色的盒子里面有只讨厌的青蛙，他不想把帽子和青蛙放在一起。在他出去拿帽子的时候，青蛙从黄色盒子上跑到了灰色盒子里，但 M 完全没有看到发生的一切。问被试一个想法问题（M 会认为青蛙在哪里）和一个稍微复杂的预测问题（M 会把他的干净帽子放在哪个盒子里）。这个任务的难度相对较大，涉及言语标签的作用。研究显示，成年人有一部分不能正确回答。另外还有成年人的高级心理理论。任务如下：给予被试各种眼睛的图片，然后让被试选出最能描述拥有这个眼睛的人在想什么或者当时的感觉是什么。

二、对儿童心理理论经典研究范式的质疑

（一）任务难度

虽然两类标准错误信念任务能够在一定程度上测查出儿童的心理理论水平，但是用其作为测量工具也存在明显的不适之处，未必能准确检测出儿童心理理论的真实发展水平，用此方法检测出来的结果可能低估了儿童的心理理论发展的水平。因为通过这两类任务对年幼儿童来说要求太高，不但必须熟练掌握语言，理解故事的内容，会用语言来表述自己的观点，而且要求儿童想象一种与已知情景相反的情景。还有，实验者的提问具有某种科学目的，而儿童则对此做出了某种一般的对话式的解释，儿童与成人往往在指导语理解上不一致，从而也可能低估儿童的能力。分析测试中对话的动力特征变化，证实儿童的确可能误解测试问题。

（二）无关信息

王益文和张文新发现，4 至 5 岁是儿童获得"心理理论"的关

键年龄，但这会随测验任务的不同而有所变化。[1]他们的研究验证了路易斯（1994 年）的发现：如果让儿童在回答测试问题前，对某个错误信念故事中的成分加以复述，则这种简单操作将极大地促进儿童的正确判断。[2]如果幼儿专注于所呈现信息的某个误导方面，而得出错误的判断，这并不意味着该儿童一定存在某种心理理论上的缺陷。这似乎表明儿童在测试中的表现可能受那些突出但与问题解决无关的信息所影响。

（三）测验信度

研究者们对错误信念任务的信度也存在着疑虑。迈耶（Mayers）等（1996 年）的研究表明，错误信念任务的重测信度非常低，推测是由于错误信念理解任务的实验比较难以操作所导致的。米切尔认为，不同的操作要求可能影响儿童认识到错误信念的年龄阈限；儿童成功通过错误信念测试的年龄具有任务特殊性。首先，儿童在测试中表现出的现实主义倾向是由存在于不同领域的以现实为参照的早期认知偏差造成的。因此，随着年龄变化的不是认识错误信念的能力，而是现时性在儿童认知中支配性的减弱。[3]其次，错误信念的理解任务中，能在多大程度上从儿童外显的行为表现可推测其认知上的变化，这也让人疑虑。怀滕指出，至少在某些错误信念的测试中，仅从行为水平上便可对儿童的成功做出解释，而不必涉及关于错误信念的认知水平上的解释。这种分析不仅适用于错误信念测试，也适用于其他的心理理论任务。这表明或许并没有什么阈限值标志着心理理论的存在与否。再次，研究者似乎过于依赖错误信念测试。弗里曼认为，实际上除了探测儿童认识自己先前的错误信念的那种能够使儿童形成某个错误信念的测试外，在其他标准测试中儿童必须推测业已存在的错误信念，因此这类测试实际上无法确定

〔1〕 王益文、张文新："3~6 岁儿童'心理理论'的发展"，载《心理发展与教育》2002 年第 1 期。

〔2〕 Lewis，C.，Mitchell，P.，"Children's early understanding of mind：Origins and development"，*Hillsdale*，NJ：Erlbaum，1994，pp. 27~29.

〔3〕 Mitchell，P.，"Acquiringa Conception of Mind"，*A Review of Psychological Research and Theory*，Hove Erlbaum：Psychology Press，1996，pp. 135~139.

儿童的困难究竟在于推测，还是在于通达这种错误信念。[1]霍布森（Hobson）则提出，标准测试忽视了对他人态度（attitudes）的感知在发展中的作用，而恰恰是儿童关于陈述性观念的感知，导致了关于心理表征性认识的出现。

（四）任务情境

钱德勒等人发现，在游戏情境中，甚至才2岁的幼儿也能欺骗对手，表明儿童已认识到错误信息能够引起错误的表征状态。Sodium研究表明，儿童4岁前不仅在需要欺骗的情境中可能给出误导信息，在需要合作的情境中也会给出误导信息。因此他认为，儿童只有到能够通过标准测试时，才对欺骗有了真正的认识。但钱德勒等仍怀疑，标准的错误信念测试是否适合作为某种心理理论出现的检测工具。他们认为，儿童的心理理论远在能够通过标准测试之前和之后，均可能出现重要的发展。他们通过修正标准测试，让儿童积极投入测试情境，结果发现较小的幼儿也能够认识到错误信念。[2]这些研究充分证明，任务情境对于儿童能否通过标准测试具有重要的意义。

三、儿童心理理论研究范式的新进展

当前普遍为大多数人接受的一种认识就是，在以言语任务为主的错误信念理解能力测试中，总是要依赖于一定的语言能力。3岁儿童不能通过错误信念任务测试，有可能是对句子的嵌套形式不理解，也有可能是因为儿童并不理解客体和对客体的表征之间的关系。一些研究表明，儿童要完成错误信念实验，必须具有一定的语言能力。对于以往的研究，研究者大多采用语言信息交流的方式去了解儿童的心理状态，但是对年龄比较小的儿童采用语言交流的方式难以获得研究所需的信息。另外，早期的一些实验任务往往信息量过大、过于复杂，导致儿童理解困难，所以实验任务设计上应该设计一些儿童容易理解的简单实验任务。所以当前的一些研究者采用角色扮

---

〔1〕 Freeman, N. H., Lacohee, H., "Making explicit 3 year olds implicit competence with their own false beliefs", *Cognition*, 1995, (56), pp. 31~60.

〔2〕 邓赐平、桑标、缪小春："儿童早期'心理理论'发展研究中的几个基本问题"，载《心理科学》2000年第4期。

演游戏的方法了解儿童的内心活动和真实想法。针对上述问题，研究者对标准的错误信念任务进行了一系列的改进。一方面，将过去人为创设的情景改为自然情景，运用自然情景中发生的事件来考察儿童对错误信念的得分，增加儿童参与、操作的成分。其中有扬布莱德和邓恩（Youngblade，Dunn，1995 年）的经典改良性范式、哈瑞斯等（1989 年）的情绪错误信念任务、错误信念解释任务、假装错误信念任务以及弗拉维尔（1986 年）的外表—事实任务等任务难度和情境各不相同的研究范式。

这些方法从一定角度上扩展了研究对象的范围，但是必须要意识到的是这些方法的采用仍然面临着必须解决的问题，比如怎样大规模地获取数据的问题以及如何客观地评价实验结果的难题。此外，心理理论的测量上是否可以考虑制定更切实可行的测量方法，是否可以借鉴智力测验量表编制心理理论方面的能力测试量表呢？这些问题都有待于进一步的研究和探索。

第二节 儿童心理理论的研究领域

最近几年来，心理理论的研究范围已经大为拓展，不再局限于知觉、愿望、信念、动机、和情感等，几乎涵盖了心理认知的所有重要概念（如思维、推理、人格等）。而且，研究对象的范围也大为扩展，不仅包括正常儿童，而且涉及自闭症、精神分裂症、聋儿等特殊儿童。下面从普通应用领域和特殊儿童心理理论的研究两个方面介绍心理理论研究的主要领域及存在的问题。普通应用领域主要介绍儿童欺骗和情绪理解方面的心理理论研究，特殊应用领域主要介绍自闭症儿童、聋儿、视觉障碍儿童、运动障碍儿童的心理理论发展及其对治疗和特殊教育的启示。

一、普通应用领域

（一）儿童欺骗的研究

自 20 世纪 80 年代以来，儿童心理理论作为社会认知发展又一新的研究领域引起了国内外发展心理学研究者的关注。在早期，儿童心理理论的大多数研究都是经验性的，而最近研究者在研究时更多地运用了一些自然发生的事件或行为，并且在任务设计中增加了一些情感或需要的成分，注意把说谎或欺骗作为考察儿童心理理论获得或发展的另一种任务改变的方式，使欺骗行为的研究逐渐成为任务模式改变的一个新趋势。可以说，探究儿童心理理论不同水平与欺骗的关系并由此考察儿童心理理论发展的连续性与动态性，已成为当下心理理论研究者关注的焦点。

1. 国外关于儿童欺骗的研究

从心理理论的角度来考察欺骗行为，国外研究者大多采用错误信念任务，关注儿童是否获得了某种认知能力。研究内容集中在儿童欺骗发生的年龄、发展的特点以及欺骗与心理理论的关系上。研究者对儿童何时拥有欺骗能力十分感兴趣。他们从各个角度对儿童欺骗进行了深入研究，并设计了一些研究方案来考察儿童欺骗的发生发展。如哈拉和钱德勒（1991 年）[1] 等人设计的藏宝的游戏发现2 至 3 岁的幼儿也能表现出欺骗行为，研究者认为该年龄段的孩子可能并不是通过操纵他人信念的方式进行欺骗的。由于研究者采用的研究方案不一致及其他一些条件的影响，所得到的欺骗发生的年龄也不一致。围绕对这个问题的讨论逐渐形成了先天论、早期论和晚期论三种理论假设。目前研究者对儿童欺骗与心理理论之间的关系尚未达成一致意见。但大多数研究者都承认欺骗与心理理论之间有着密不可分的关系。研究者认为，儿童要能成功地欺骗，不仅需要推测欺骗对象的心理状态，同时也要清楚地了解自己的心理状态与对方的差距，这样才能有效地误导对方。不少研究者都主张儿童欺骗能力的发展依赖于儿童对他人信念理解的提高。

2. 国内关于欺骗的研究

国内关于儿童欺骗的研究大多是从行为问题和道德层面来探讨的，涉及儿童心理理论的并不多，但近几年的一些研究也开始了这

---

〔1〕 Hala, S., Chandler, M., Fritz, A. S., "Fledgling theories of mind: Deception as a marker of 3-year-olds'understanding of false belief", *Child Development*, 1991, (61), pp. 83~97.

方面的探索。研究多是根据国外的研究方案来进行的，借以检验国外已有的研究来说明中国儿童欺骗的发展。

徐芬等（2001年）的研究发现，5岁儿童在做说谎或说真话的判断和道德评价时还不会利用意图线索，意图线索对儿童说谎的判断和道德评价的作用还取决于言语的情境线索。[1]史冰、苏彦捷（2007年）[2]的研究表明，随着年龄的增长，儿童完成欺骗的成绩越来越好。研究也说明了儿童的欺骗是一种情境性的行为，欺骗的情境可能影响了儿童行为的外显欺骗、隐蔽欺骗与错误信念理解的关系，当儿童感受的情境压力变大时，儿童的欺骗行为就会减少。张文静、徐芬等（2005年）[3]的研究表明，3岁和4岁儿童在说谎概念的理解上年龄差异显著，心理理论水平不仅与说谎认知有关，而且应该是说谎认知发展的前提。刘秀丽等（2006年）[4]的研究认为，学前儿童欺骗呈阶段性发展：第一是行为主义的欺骗阶段，第二是一级信念的欺骗阶段，第三是二级信念的欺骗阶段，后两个阶段属于心理主义阶段。3岁儿童处于第一阶段，4至5岁儿童处于第二阶段，6岁以后进入第三阶段。陈静欣、苏彦捷（2005年）[5]考察了孤独症儿童在欺骗情境中的行为判断及意图理解，发现孤独症儿童在判断是欺骗行为时与正常儿童没有区别，但对欺骗他人的意图理解远未达到正常发展水平。董泽松（2006年）的研究探讨了不同文化背景下儿童心理理论的不同水平与欺骗间的关系，认为民族异同和文化背景的差异对儿童欺骗有重要影响。[6]

---

〔1〕　徐芬、刘英、荆春燕："意图线索对5-11岁儿童理解说谎概念及道德评价的影响"，载《心理发展与教育》2001年第4期。

〔2〕　徐芬等："交往情景下个体对说谎的理解及其道德评价"，载《心理学报》2002年第1期。

〔3〕　张文静、徐芬、王卫星："幼儿说谎认知的年龄特征及其与心理理论水平的关系"，载《心理科学》2005年第3期。

〔4〕　刘秀丽、车文博："学前儿童欺骗的阶段性发展的实验研究"，载《心理科学》2006年第6期。

〔5〕　陈静欣、苏彦捷："孤独症儿童在欺骗情境中的行为判断及意图理解"，载《中国特殊教育》2005年第3期。

〔6〕　董泽松："儿童'心理理论'不同水平与欺骗关系的跨文化研究"，云南师范大学2006年硕士学位论文。

3. 进一步深化儿童欺骗研究的思路

从目前的研究状况来看，儿童欺骗行为的研究已成为任务模式改变的一个新的趋势。而这方面的研究也成为"心理理论"研究中的一个特殊领域。其中的主要原因是：如果儿童能够成功地欺骗，首先必须推测欺骗对象的心理状态，同时明确地了解自己的心理状态与对方的差距，并具有明确的误导对方的目的。由此，为了使欺骗成功，儿童至少必须了解听者的某些心理；而儿童"心理理论"的发展则是欺骗行为"成熟"的关键。儿童欺骗的成功率随着年龄的增长而改进，这与随着年龄的增长儿童对他人信念理解的不断提高有关。波拉克（Polak）等人的研究结果发现完成"心理理论"任务的水平越高，儿童在"犯错"时对自己的错误进行否认（欺骗或说谎）的可能性也越大。[1]

但是有研究认为，欺骗至少存在两个性质不同的阶段，说谎或谎言仅属于心理理论系统的初级维度，而欺骗则属于次级维度。初级维度与信念或心理主义无关，次级维度则通过操纵别人的信念来操纵别人的行为。另有研究者则把欺骗与说谎等同，认为说谎应被看成是一种言语欺骗，也是一种意图行为。另外，心理理论和欺骗行为都源于日常的社会生活情境，已有研究证明儿童的欺骗是一种情境性行为，在这种情境下儿童有欺骗行为，另一种情境下可能就没有。

对于这些问题的质疑，关键还是要准确界定欺骗的性质。研究者们普遍接受的观点是，如果一种言语表述被认定为说谎或欺骗，必然满足下面三个关键的成分：事实成分，即言语表述是否符合事实；信念成分，即说话者对自己的言语表述真或假的判定；意图成分，即说话者是否有意欺骗。其中，是否以操纵他人信念为目的是判定欺骗行为的关键。综合目前的相关研究可以发现，由于研究内容或角度的不同，如一些研究者以说谎为研究目标，而另一些研究者则在欺骗行为这个更大的框架内把说谎作为儿童是否会使用的一种言语性欺骗（verbal deception）策略来进行研究，加之研究方法、

〔1〕　Polak, A., Harris, P. L., "Deception by young children following noncompliance", *Developmental Psychology*, 1999, (35), pp. 561~568.

模式以及研究对象的不同，所以造成了研究结果上的差异。[1]

（二）儿童情绪理解的研究

根据伊泽德（Izard）和哈瑞斯的定义，情绪理解是对情绪加工过程（如情绪状态和情绪调节）有意识的了解，或者对情绪如何起作用的认识。[2]众所周知，心理状态不仅仅包括信念，还包括意图、愿望、情绪等。但是自 20 世纪 80 年代起心理理论的研究大都是在经典错误信念任务研究的基础上进行的，研究者通过测查儿童是否理解错误信念来说明儿童能否拥有心理理论能力。其实，即使是韦尔曼也早就意识到错误信念理解不是判断儿童是否具有心理理论能力的唯一标准。他认为已有的研究显示，儿童在信念理解之前，就能够理解他人的愿望和情绪。在这些不同的心理状态中，信念要更复杂些，儿童是从一种以愿望、情绪、知觉为中心的心理理论发展到后来的以信念为中心的心理理论，而后一种更高级的心理理论的获得是在前一种心理理论的重复和失败的基础上慢慢发展起来的。[3]所以，儿童的情绪理解的能力也应是心理理论发展的重要指标。然而研究者们关注错误信念理解的研究，对情绪理解等早期能力的发展状况研究较少。

1. 儿童情绪理解的意义与机制

一般认为情绪理解是儿童社会性发展的重要指标，因为情绪理解能力能够使儿童识别他人对他的情绪情感，预测别人对他们的行为所产生的情绪等，因而对儿童的同伴接纳水平具有重要作用。如德朗姆（Denham）等人[4]的研究发现，情绪理解能够促进儿童间

---

〔1〕　徐芬、王卫星、张文静："幼儿说谎行为的特点及其与心理理论水平的关系"，载《心理学报》2005 年第 1 期。

〔2〕　Izard, C. E., Harris, P. L., "Emotion development and developmental Psychopathology", In: D. Cohendes, Developmental Psychopathology: volumeI, *Theory and Method*, NewYork: Wiley, 1995, pp. 467~503.

〔3〕　Bartsch, K., Wellman, H. M., *Children talk about the mind*, New York: Oxford University Press, 1995. In: Bartsch K., Estes Ded, "Individual differences in childrens' developing theory of mind and implications for metacognition", *Learning and Individual Differences*, 1996, 8 (4), pp. 281~304.

〔4〕　Denham, S., McKinley, M., Couchoud, E., Holt, R., "Emotional and behavioral predictors of preschool peer ratings", *Child Development*, 1990, (61), pp. 1145~1152.

的社会互动，能够产生较多表情和确认较多表情的儿童更受同伴欢迎。维拉纽瓦（Villanueva）等人[1]的研究也发现，儿童的情绪理解能力越高，他们在同伴群体中越受欢迎。邓赐平、桑标、缪小春[2]的研究发现，幼儿的情绪认知对其社会行为表现的确具有较高的预测效应：即使在回归分析中排除了性别和年级差异的影响之后，幼儿的情绪认知仍然能够独立地显著预测幼儿的退缩行为和亲社会行为。

而哪些因素会影响儿童情绪理解能力的发展呢？很多研究证实，在影响儿童情绪理解的众多因素中，家庭因素首当其冲，因为家庭经验能为幼儿习得这些具体技能或特质提供机会。因此，有研究者认为，儿童的情绪理解可能是家庭情绪表露与儿童社会性发展之间联系的中介：具有丰富情绪表露的家庭可能促进儿童的情绪理解，这一认识又与儿童的社会行为和同伴关系的发展相关联。邓恩、布朗和比尔兹尔（Beardsall，1991 年）[3]研究表明学前儿童在家里讨论情绪及其起因的频率是与他们后来识别他人情感的能力相关的。这一联系在 3 岁左右就被发现，在 3 至 6 岁时表现更加显著。卡西迪、帕克、布特沃斯基、布劳恩加特（Cassidy，Parke，Butkovsky，Braungart，1992 年）[4]的研究结果表明：父母的家庭情绪表露可以显著预测儿童的同伴关系发展。他们认为父母的情绪表现可能对儿童活动的许多方面产生影响，进而影响儿童的同伴关系。这种影响的路径之一很可能就是家庭情绪表露通过影响儿童的社会认知发展水平，进而影响儿童社会行为发展。凯蒂和雷尼（Caddy，Rennie，1997 年）发现儿童的观点采择很可能是与对情绪的家庭讨论有关，

---

[1] Villanue va L., Clemente, R., Garcia, F., "Theory of mind and peer rejection at school", *Social development*, 2000, (9), pp. 2771~2831.

[2] 邓赐平、桑标、缪小春："幼儿的情绪认知发展及其与社会行为发展的关系研究"，载《心理发展与教育》2002 年第 1 期。

[3] Dunn, J., Brown, J., Beardsall, L., "Family talk about feeling states and children's later understanding of other's emotions", *Development Psychology*, 1991, 27 (3), pp. 448~455.

[4] Cassidy, J., Parke, R., Butkovsky, L., Braungaart, J., "Family-peer connection: The roles of emotional expressiveness with in the family and children's understanding of emotions", *Child Development*, 1992, 63 (3), pp. 603~618.

特别是当这种讨论不仅仅是关注于一个人的情感，而是为什么有人会产生这样的情绪的时候。这些结果表明具有丰富情绪表露的家庭经历可能促进儿童的情绪理解，这种理解可能通过亲子互动或儿童模仿父母而获得；另外，父母富于情绪表露，孩子也有更多的机会认识自己的行为如何引发别人情绪反应。正如上面所述，这种情绪理解正是社会行为发展的底层认知基础，对成功的社会互动具有重要作用。

2. 儿童情绪理解的发展

对面部表情识别是属于儿童心理理论能力最早的知觉发展阶段。面部表情识别的研究通常是让儿童在辨别成人高兴、悲伤、生气、恐惧等情绪表情的图片的过程中，考察儿童识别基本情绪的能力。一般来说，2 岁的儿童能正确辨别面部的表情，能谈论和情绪有关的话题。纳尔逊的研究表明，面部表情的识别能力反映出儿童能通过成人的情绪表情推测他们的内部心理状态。[1]陈英和、姚端维、郭向和的研究考察了幼儿对不同类型情绪理解的差异，发现在表情识别任务上，4 岁组幼儿对于高兴、生气和害怕三种表情的识别都高于3 岁组，而对伤心的识别上，三个年龄级的差异不明显；同时还发现，幼儿对于积极表情的识别能力要高于消极表情，[2]研究还发现幼儿在识别情绪表情方面不存在性别差异。可能的原因是由于情绪识别是一种基本的情绪能力，它为幼儿进一步深入理解情绪奠定了一定的基础，幼儿必须要在具备这种能力后，才能在理解情绪方面有更进一步的发展。因此，在情绪识别上性别差异不明显。儿童面部表情识别的研究说明，儿童最早理解他人的情绪状态是基于外部世界的，是和事件一一对应的关系，不涉及其他复杂的心理活动。

随着儿童年龄的增长，儿童的社会活动逐渐增多，与他人的互动也逐渐增强，他们对别人的情绪理解能力也逐渐提高。除了以面部表情为线索外，还学会以信念、愿望等线索对自己和他人的情绪

---

〔1〕 Nelson, C. A. , "The recognition of facial expression in the first two years of life: Mechanisms of development", *Child Development*, 1987, （58）, pp. 889~909.

〔2〕 陈英和、姚端维、郭向和："儿童心理理论的发展及其影响因素的研究进展"，载《心理发展与教育》2001 年第 3 期。

产生的原因和线索做出推断，从而预测别人的情绪状态，指导自己做出正确的行为反应。许多研究探讨了儿童对情绪反应的认识与对愿望、信念的认识之间的关系。例如，韦尔曼和班纳吉（Banerjee，1996 年）[1]采用逆向推理的方法研究发现，3 岁儿童能够很好地理解高兴、悲哀、生气等情绪反应与愿望之间的关系，对吃惊或好奇等情绪反应与信念之间的关系亦有所认识，但比前者出现得较晚。又如刘国雄、方富熹（2003 年）[2]的研究表明：3 岁至 7 岁的儿童对日常情境中行为的情绪预期，就与他们理解愿望是一种主观心理特征的能力有关。他们逐渐了解快乐、悲伤、害怕等基本情绪，是他人愿望与现实之间的关系的一个表现。另外，儿童是从什么时间开始就能够理解情绪和愿望之间的关系呢？有的研究者认为儿童 3 岁左右就能够理解情绪和愿望之间的联系。如韦尔曼和伍利（Woolley）的研究发现，2.5 岁至 3 岁的儿童知道故事中的人得到他期望已久的兔子时，感到高兴；但当兔子换为小狗时，会感到难过。[3]在伊尔的研究中，3 岁的儿童能准确地预测当一个故事主角扔出的球被期望的对象接到时，会感到高兴；如果是另外一个对象接到，会感到难过。[4]因此，3 岁可能是儿童获得基于愿望的情绪理解能力的关键年龄。

上述研究的结果说明，儿童在 3 岁左右就能根据个体的愿望来判断由此产生的不同情绪。尽管 3 岁的儿童已经能够根据愿望预期人们的行为，但他们还不能理解愿望具有主观性，不能对行为结果和个人愿望进行整合；随着年龄的增长，儿童逐渐把愿望理解为一种主观属性，把个人和情境联系起来，根据结果是否符合内在的主

〔1〕 Wellman, H., Banerjee, M., "Mind and Emotion: Children's Understanding of rhe Emotional Consequences of Beliefs and Desires", *British Journal of Developmental Psychology*, 1996, (32), pp. 442~447.

〔2〕 刘国雄、方富熹："关于儿童道德情绪判断的研究进展"，载《心理科学进展》2003 年 1 期。

〔3〕 Wellman, H., Woolley, J., "From simple desires to ordinary beliefs: the early development of everyday psychology", *Cognition*, 1990, (35), pp. 245~275.

〔4〕 Yuill, N., "Young children's coordination of motive and outcome In judgments of satisfaction and morality", *British Journal of Developmental Psychology*, 1984, (2), pp. 73~81.

观愿望来判断行为者的情绪。

3. 研究展望

从情绪理解的研究可以看出，儿童情绪理解是分不同层次的，早期的情绪理解与具体事件相关联，而且情绪与事件之间成一一对应的关系；随着年龄的增长，心理理论其他成分也开始发展，儿童对情绪的理解便具有了相对性，能了解到同样一个情境或事件对不同的人来说可以引起不同的情绪，这取决于他们的愿望、信念等内部心理状态；到情绪理解的较高阶段，儿童已经能判断统一情境可以引发一种以上的矛盾情绪；而情绪调节则是儿童把情绪理解能力体现到行为上的过程。

迄今为止，心理学家对儿童情绪理解的研究内容主要是基于愿望和信念的情绪理解的发展及影响因素。大多数的研究结果表明，3岁儿童能理解基于愿望的情绪，4至5岁儿童能理解基于信念的情绪。另外也有些研究表明，家庭成员间对情绪状态的讨论多少会影响儿童基于信念和愿望情绪的发展。还有一些研究讨论了情绪理解与儿童社会性行为发展的关系，认为儿童的情绪理解能力与同伴关系、亲社会行为之间有正相关关系。对儿童的情绪理解的不同层次的研究大多以图片为主，通过让儿童看图片故事来预测他人的情绪，这样未免太简单化，还需要进一步的改进，采用声音、姿势等研究方法更深入、全面地探讨儿童的情绪理解能力。已有研究表明，文化因素在儿童基于信念情绪理解中的作用，但还没有发现涉及中西不同文化背景下儿童情绪理解差异的实证研究，这也是今后需要努力研究的一个方向。大多研究都是从心理学的角度探讨儿童的情绪理解能力发展状况，研究儿童情绪理解力为儿童情感教育提供了依据，在以后的研究中也可以从道德发展的角度来探讨儿童的情感教育问题。

二、心理理论视角下的特殊儿童研究

随着心理理论研究成果的应用，心理理论的研究已经超出了发展心理学的研究领域。心理理论的概念与研究不仅引发了发展心理学家对一系列儿童心理发展问题的思考，而且对临床心理学家也非常具有吸引力，因为心理理论的缺乏和缺损可以用来解释儿童和成人的一系列心理异常问题。事实上，心理理论已经变成了连接临床医学、社会学和认知科学等各学科的纽带，认知神经医生和神经科学家开始探索心理理论的神经基础，也为理解临床神经病理学中社会认知的障碍问题打开了一个新的局面。

（一）自闭症

自闭症（Autism）又称孤独症，是一种广泛性发育障碍，是一种罕见的身体机能失调的综合病症，发病率约为 0.4%。它的三个典型特征是：社会交往障碍、语言障碍和同时伴有刻板的重复兴趣和行为。有研究者提出，心理理论从婴儿期就开始发展了。如婴儿对人的面孔和说话声音表现出特有的兴趣，与人的目光交流，对人的表情和不同的声音做出反应等，虽然这是否能被称为心理理论还存在争议，但有些研究者认为这起码可能是心理理论发展的重要基础。如 2 岁时，儿童会有意地利用声音、姿态引导他人注意某一物体；在早期的同伴交往中，儿童经常表现出对他人行为简单的模仿，组合假装（Incorporating pretend）或想象性假装（Imaginative pretend）。而自闭症患者在这些社会性功能和交往功能方面都有明显的缺损。在对自闭症能够临床诊断出来以前，如果有适当的工具对这些方面进行早期检测，也许对自闭症的尽早发现和治疗具有特别重要的意义。

1. 已有的相关研究

20 世纪 80 年代美国心理学家巴伦·科恩、莱斯利、弗里斯采用自行设计的心理理论任务对患有高功能性自闭症的儿童和青少年进行了测验，被誉为"转变了自闭症研究领域"的开创性研究。研究结果发现，80%的被试不能完成简单的错误信念任务，而大部分心理年龄较低的唐氏综合征（Down Syndrome）个体和正常发展中的学前儿童都能够通过这种测验任务。[1]此后，这一研究及其结论得到了广泛的复制和证实。

---

[1] Baron-Cohen, S., Leslie, A. M., Frith, U., "Does the autistic child have a 'theory of mind'?", *Cognition*, 1985, (21), pp. 37~46.

　　继早期研究之后，许多研究者从不同的层面验证了早期的发现，如自闭症儿童不能区分表象和本体、不能欺骗别人、不能记住自己以前的信念等。除了在理论方面的突破外，在实验任务方面也出现了下面一些的经典的范式。Leekam 和佩尔奈（Perner）通过设计精妙的糖果盒装铅笔的实验发现自闭症患儿一旦亲眼发现一个糖果盒里面装的确是一支铅笔时，就无法理解那些仅仅看到盒子外面的人会以为里面装的是糖果。[1]巴伦·科恩（1989 年）[2]设计了一个实验，他们先让儿童在一定距离处远远观察，他们以为那是一个鸡蛋。然后让儿童摸一下，他们发现那是一块石头。然后实验者把石头放回原处，问儿童："它看上去像什么?""它实际上是什么?"结果发现正常的 4 岁儿童都能正确回答这两个问题，但自闭症患儿却不能。这说明了自闭症患儿并没有意识到自己所处的心理状态，他们无法区分自己对物体的感性认识和理解，无法区分事物的表象和本体。罗素和莫特纳（Russell，Mauthner，1991 年）[3]等人通过一个包含强盗、国王的试图得到金币的互动游戏发现，自闭症患儿也无法通过创造一种错误信念来欺骗他人。他们无法以说谎来阻止强盗拿走硬币，也无法谎称那只装金币的箱子是空的，以此防止强盗拿走金币。

　　我国学者焦青采用自编故事测验对 10 名 8 至 17.5 岁的自闭症儿童进行了研究，结果发现绝大部分被试能够理解他人的愿望和根据他人愿望预测他人行为，也能理解他人的情绪，但是都不能理解他人的错误信念，不能理解由于错误信念导致的认知性情绪。[4]刘

---

〔1〕　Leekam, S. R., Perner, J., "Does the autistic child have a metarepresentational deficit?", *Cognition*, 1991, （40）, pp. 203~218.

〔2〕　Baron-Cohen, S., "The autistic child's theory of mind: a case of specific developmental delay", *Child Psycho Psychiatry*, 1989, （30）, pp. 285~297.

〔3〕　Russell, J., Mauthner, N., Sharpe, S., Tidswell, T., "The 'windows task' as a measure of strategic deception in preschoolers and autistic subjects. Special Issue: Perspectives on the child's theory of mind: II", *British Journal of Developmental Psychology*, 1991, 9 （2）, pp. 331~349.

〔4〕　焦青："10 例孤独症儿童心理推测能力的测试分析"，载《中国心理卫生杂志》2001 年第 1 期。

娲对 31 名 3 至 6 岁的自闭症儿童的研究发现，学龄前自闭症儿童的心理理论水平显著低于同年龄的普通儿童，取得了与国外研究者相一致的结论。[1]桑标、任真、邓赐平的研究发现，自闭症儿童存在弱的中心信息整合。[2]

目前，从认知功能的缺失来解释和治疗自闭症已经得到临床心理学家们的普遍认可。其中，最具影响的有"心理理论"和"情感认知障碍理论""认知语言障碍理论"。自闭症的心理理论假设为自闭症的许多症状提供了一个统一的认知解释，并将这种认知解释建立在神经生物学的基础上。弗里斯（1992 年）提出了一个类似的关于精神分裂症的心理理论假设。他认为精神分裂症患者类似于自闭症患者，他们也在心理认识机制上存在缺陷。自闭症患者从不知道他人有心理，而精神分裂症患者十分清楚他人有心理但丧失了推测心理活动内容的能力。可将二者视为一个统一的关于自闭症和精神分裂症的心理理论假设。按照该假设，两种障碍均源自单一认知神经机制，即心理理论模块的损伤。早期就发端的自闭症发展障碍，这一机制永远没有机会得到适当发展；而后期发端的精神分裂症障碍，这种机制是在达到成熟状态后才发生故障的。弗里斯、莱斯利、巴伦·科恩等认为自闭症源于"读心理"的基本能力的缺陷。

但是，以霍布森为代表的"情感认知障碍论"研究者们，对自闭症儿童的情感发展及对他人的情感理解能力作了一系列的研究。霍布森通过研究发现，自闭症儿童无法辨别他人带有情感的声音，在自身的情感表现上也显得无法控制。他们会莫名其妙地大笑或者痛哭流涕，在公开场合下还会做出与现场氛围毫不相关的表现。[3]而自闭症"认知语言障碍理论"的研究者们将学龄前自闭症儿童与唐氏综合征的儿童进行比较，结果发现自闭症儿童在词汇发展和对

〔1〕 参见刘娲："3~6 岁独症儿童心理理论发展的研究"，载于 2004 年中美特殊需要学生教育大会中文论文集，第 254~259 页。

〔2〕 桑标、任真、邓赐平："自闭症儿童的中心信息整合及其与心理理论的关系"，载《心理科学》2006 年第 1 期。

〔3〕 Hobson, R. P., "early childhood autism and the question of ego centrism", *Journal of Autism and Developmental Disorders*, 1984（14），pp. 85~104.

语言的理解方面都显得更为逊色。自闭症儿童在对语言的理解和使用时所使用的词汇很有限，所学词汇不能完全使用，使用代名词时常常颠倒，如把"你"说成"我"等，个人独占话题、随意打断或改变对方的话题。因此，他们认为言语理解和表达能力的缺失才是自闭症儿童患病的重要原因。

其实，不管是心理理论，还是情感和语言，都与个体对外界信息加工的能力有关。显然，自闭症儿童在对信息的意义加工上存在着显著障碍，导致了他们对他人的内心活动和情感体验的理解困难。在未来的研究中，可以尝试运用信息加工模型来分析自闭症儿童的记忆特征以及尝试建立医学发现与心理理论结合的研究模式，并开拓自闭症儿童情感认知研究的新领域。尽管目前还未发现有任何方法能够治愈自闭症，但各种方法的联合应用可以改善自闭症的症状，提高自闭症儿童的社会适应能力，这是得到广泛认可的。

2. 对自闭症的早期识别

巴伦·科恩等（1996 年）[1]综合以前的研究，发展出一种检测工具，即幼儿自闭症检测（Check list for Autism in toddlers，CHAT）。他们采用这种工具对英国 16 000 个 18 个月大的孩子进行了检测。主要检测项目有联合注意（Join attention）和假装游戏（Pretend play），前者又包括元陈述指向（Protodeclarative pointing）和盯视监控（Gaze monitoring），元陈述指向表示幼儿能够引导另一个人去注意他所感兴趣的物体；盯视监控是指顺着另一个人看的方向去看。假装游戏，指幼儿用一个物体去代替另一个物体或者把一个不存在的特征赋予某一物体。对于正常发展的儿童来说，14 月龄时这些方面已经得到发展，但 3 至 4 岁的自闭症个体在这些方面却表现为严重受损。所以，他们预测自闭症幼儿 18 个月大时，如果在这三个项目上有一项或两项失败，将有可能患自闭症。结果在接受检测的儿童中，有 12 个孩子在这三项上都失败了，其中 10 个（83.3%）后来诊断

〔1〕 Baron-Cohen, S., Cox, A., Baird, G., etal., "Psychological markers in the detection of autism in infancy in alarge population", *Early Human Development*, 1997, （47）, pp. 97~109.

为自闭症。这 10 个儿童在 3.5 岁时再次接受自闭症检测，结果与 18 个月时的测试是非常一致的。由此他们认为用 CHAT 对 18 个月大的孩子进行检测，若在这三项上连续而一贯的失败，将有 83.3% 的可能患自闭症。罗宾斯（Robins）等（2001 年）提出了修正的幼儿自闭症检测（Modified check list for autismin toddlers，M-CHAT）工具。一共有 23 个项目，其中前 9 个项目，来自 CHAT。这是一个问卷形式的检测工具。每个项目都要求幼儿的母亲和主要监护人做出"是"或"否"的回答。查尔曼（Charman）等（1997 年）[1]采用巴伦·科恩等（1996 年）提出的测试工具 CHAT，对 20 月龄的儿童进行检测并与采用另外三种方式测查的结果进行对照随之，对测出的 12 个自闭症儿童进行共情、结构性游戏任务（Structured play task）、联合注意任务和模仿等测验。结果发现与发展迟滞儿童和正常儿童相比，自闭症幼儿在共情、联合注意和模仿上表现出明显而清晰的损伤。自闭症幼儿在共情和联合注意任务测试中不能运用社会性盯视（Social gaze），虽然他们对物体和玩具表现出盯视转移，但却不能和成人使用盯视去注意共同的情景。自闭症幼儿和发展迟滞儿童都表现出一定的功能性假装，但是几乎没有被试表现出自发的假装游戏。以上研究表明，自闭症在临床诊断出来以前，交往能力、社会功能和想象能力，以及心理理论发展的基础等各方面的损伤都存在着一个发展的过程。对自闭症个体在这些方面进行早期检测和诊断，的确对自闭症尽早发现和训练是非常重要和具有实际价值的。

3. 对自闭症儿童的心理理论和交往能力的训练

众所周知，自闭症个体的谈话技能和交流功能是被损伤的，比如在有限的交流中，他们缺乏对他人面部表情的关注和目光接触，在谈话中很难保持一个固定的话题等。有些研究者就设想能否通过训练，促进他们的"读心"能力和社会交往能力，并应用到日常生

---

[1] Charman, T., Swettenham, S., Baron-Cohen, S. etal., "Infants with autism: A investigation of empathy, joint attention pretend play, andimitation", *Development Psychology*, 1997, 33 (5), pp. 781~789.

活中去。哈德温（*Hadwin*）等（1997年）〔1〕进行了通过对自闭症儿童进行心理理论训练能否促进他们的社会交往技能的训练。他们的训练包括三个方面，即对情绪、信念以及假装游戏的理解。结果表明，通过训练的自闭症儿童确实通过了有关情绪和信念的理解测试，可是他们在社会交往技能上却没有显著的改进，特别是如何保持一个话题，以及对心理状态词的应用都没有显著的改善。钦和伯纳德（Chin，Bernard，2000年）〔2〕认为，被试虽然经过训练之后通过了心理理论测试，但他们是否真正理解了心理状态是值得怀疑的，因为也许被试学到的是心理推理的技能，或者是能正确回答问题但不涉及对心理状态归因的策略，所以不会或不能应用到日常生活中去。他们反过来从训练自闭症的谈话技能入手，检验能否促进其使用言语进行社会交流的能力，并且心理理论的标准错误信念任务测试成绩是否会随着谈话技能的改善而提高。他们训练三个年龄分别为5岁11个月、7岁5个月和7岁9个月的自闭症儿童。结果发现被试在训练后"共享兴趣"（Shared interest）的时间和在谈话中的恰当反应的频率都有很大程度的增加。被试在训练后，回答问题的次数增多，连续的话语增多，不清楚的话语减少，无任何反应的频率降低。在谈话中目光接触增多，能轮流说话。但是被试在相应的错误信念任务测试中仍然失败。这个实验虽然样本较少，但结果表明对自闭症谈话技能的训练确实有助于社会交往能力的提高。

　　以上两个研究表明，对自闭症个体的心理状态理解能力以及谈话技能、交往能力的训练都收到了一定的效果，但是并没有发现它们之间的相互促进作用。这提示我们，心理理论能力和社会交往功能之间也许不是一种简单的相互促进的直线关系，因为也许它们之间的相互作用存在一定的中介因素，比如对社会信息的处理和加工，

〔1〕 Hadwin, J. A., Baron-Cohen, S., Howlin, P., Hill, K., "Does teaching theory of mind have an effect on the ability to develop conversation in children with autism?", *Journal of Autismand Developmental Disorder*, 1997, (27), pp. 519~537.

〔2〕 Chin, H. Y., Bernard - Optiz, " Vteaching conversational skills to childre with autism: effect on the development of theory of mind", *Journal of Autism and Dvelopmental Disorders*, 2000, 30 (6), pp. 556~583.

执行控制和工作记忆等，所以虽然经过一定时期的训练，它们之间的相互作用却很难表现出来。我们以为，从本质上来能否完全用心理理论假说来解释自闭症儿童的社会功能和交往能力的损伤，以及如何通过有效的训练从本质上促进他们的社会功能和交往能力及对心理状态的理解能力并使训练的成果泛化到日常生活中去，还需要更加充分的研究。但是毫无疑问，我们相信早期的训练和干预对自闭症个体尽可能融入正常的社会生活，减少他们与其他个体进行交往和相互理解的障碍具有积极的意义。

(二) 聋儿

聋儿的心理理论研究是一个比较新而且研究潜力较大的领域。国外聋儿心理理论研究始于1995年，在二十多年时间里，世界不同国家的研究人员就从不同角度对聋儿的心理理论进行了实验研究和理论探讨，并取得了相当丰富的成果。

在研究心理理论发展的规律性和差异性时，研究者们使用特殊儿童与正常儿童进行比较研究是最常用的方法。罗素等研究发现，聋儿的"心理理论"发展迟滞。他们认为，这种迟滞是因为其早期学习心理状态的机会相对地受到了限制。[1]西戈的研究表明，父母能熟练使用手势语的聋儿比父母不能熟练使用手势语的聋儿的错误信念问题测验成绩好。彼得森（Peterson）和西戈检查了聋儿（5至13岁）、自闭症儿童（6至13岁）和正常听力儿童（3至5岁）在需要表征他人心理状态的一系列任务中的表现，结果发现，在家庭中习得手语的聋儿、能口语发音的聋儿和正常听力儿童得分相似，他们的表现超过了来自听力家庭的手语聋儿和自闭症儿童，后两组间的差异不显著。他们指出，生物因素、对话和社会因素在"心理理论"发展中有相互影响。

彼得森和西戈于1995年对一群年龄在5至13岁的听力重度损伤儿童施测了巴伦·科恩等人设计的实验任务。这些儿童被试全部

---

〔1〕 Russell, P. A., Hosie, J. A., Gray, C. D., et al., "The development of theory of mind and deaf children", *Journal of Child Psychology and Psychiatry*, 1998, 39 (6), pp. 903 ~ 910.

生长在健听家庭中，在进入学校以后才获得了可以进行熟练人际交流的工具——手语，即后天手语者（Late signer）。研究发现，这些儿童的心理理论发展水平落后于正常的 4 岁健听儿童，与孤独症儿童一样在心理理论的发展方面明显滞后。这一研究结论目前也得到了多项研究的广泛证实。1995 年至 1999 年间进行的 11 项关于拥有正常智力和社会反应能力的后天手语者的错误信念理解研究，以及乌尔夫（Woolfe）等人新近的研究都一致认为，后天手语聋童在一系列的儿童心理理论任务中的成绩并不比高功能性孤独症儿童好，明显低于相对年龄较小的健听儿童。[1]彼得森认为，与孤独症儿童一样，后天手语聋童的心理理论问题似乎也是具有领域特殊性的。[2]

实际上，几乎 90% 以上听障儿童的父母都是听觉健康的正常人。但聋童当中并不是全部都是后天手语者，一些聋童从小就被训练使用纯粹的口语交流模式，在唇读和助听器的帮助下，接收和表达言语信息。已公开发表的 8 项研究，对来自不同国家和地区的 223 名使用口语交流的聋童进行了错误信念理解测查。结果表明，他们的平均成绩与孤独症儿童和后天手语者聋童的成绩相近，说明他们的心理理论发展同样缓慢。但是，高级语言的发展预示了使用口语的聋童会有较好的心理理论发展趋势。而使用人工耳蜗（Cochlear implants）的聋童与使用传统扩音助听器（Conventional amplification）的聋童的心理理论成绩没有显著区别，一样发展迟缓。

从早期的语言和社会经验如何影响心理理论发展的观点来看，最值得探讨的是那些仅占 10% 却至少有一个手语聋人父母或兄弟姐妹作为手语交流伙伴的聋童，即先天手语者（Native signer）。科尔金和梅洛特（Courtin，Melot）[3]以及随后的一些研究使用了标准的心理理论任务作为测验内容，结果均表明先天手语者的心理理论成

〔1〕 Woolfe, T., Want, S. C., Siegal, M., "Signposts to development: theory of mind in deaf children", *Child Development*, 2002, 73（3）, pp. 768~778.

〔2〕 Peterson, C. C., "Drawing insight from pictures", *Child Development*, 2002, 73（6）, pp. 1442~1459.

〔3〕 Courtin, C., Melot, A., "Development of theories of mind in deaf children", In Marschark, M., Clark, M. D. (Ed.), *Psychological perspectives on deafness*, Malwah, NJ: Erlbaum, 1998, pp. 79~102.

绩要好于后天手语者或者使用口语的聋童，甚至在统计上排除了执行性功能、非言语心理年龄和语言能力的影响之后，先天手语者的这种成绩优势仍然比较明显。而且，先天手语者似乎获得错误信念理解与健听儿童一样早，甚至可能稍微迅速一些。陈友庆、闻素霞（2008 年）一项对聋童与正常儿童对正确信念和一级错误信念的认知的比较研究证明：手语聋童的信念认知水平略好于口语聋童，父母会手语或聋人的兄弟姐妹会手语的聋童，其信念认知水平比其他聋童好。儿童社会化的必要平台，刀维洁（2004 年）[1]认为同伴交往不仅能够发展聋儿的社会能力、提高适应性，而且对聋儿情感、认知和自我意识的发展以及语言的学习都具有独特的作用。

社会文化观点认为，儿童在参与社会活动过程中通过交互作用获得心理理论，生活环境刺激的多样性能极大地促进儿童心理理论的发展。语言作为一种重要的刺激环境对聋儿心理理论发展的影响是首要的，它直接或间接地影响着聋儿心理理论的发展。当然，也不能因此夸大语言的地位，从而忽视其他刺激环境的影响。由此可见，听觉障碍儿童心理理论发展延迟并不是仅仅与听力损伤本身有关，更多地是听力损伤和健听家庭抚养共同作用的结果。这些研究结论也为探讨语言对于心理理论发展的影响作用提供了有力的证据。

综上所述，听力障碍儿童心理理论发展研究正在逐渐吸引学者的注意并开始有所成就，但正如其他心理理论领域的研究一样，这一领域中几乎每个问题都存在着分歧与争议，不同研究途径往往得到不同结果，显得十分零散，如何对这些零散结果加以整合将是一项重要的工作。在听力障碍儿童心理理论体系中有许多还没有或很少涉及的领域有待进一步研究，这也是这一体系不断建构的过程。

（三）视觉障碍儿童

视障儿童或是完全看不见或是仅有残余视力，因此他们接受外界刺激的渠道比普通儿童少，直接认识周围世界的范围和数量都比普通儿童少，所以在生活、学习或是劳动中，常不同程度地表现出

---

[1] 刀维洁："关注聋儿的同伴交往"，载《中国听力语言康复科学杂志》2004 年第 5 期。

与普通儿童不同的一些特点。而近十年来，国内外学者对视觉障碍儿童心理理论的研究兴趣在不断增长，其原因主要有两点。首先，从视障儿童在社会交往与社会适应的困难性上看，尽管关于视障儿童社会技能训练方面有着大量的研究，但很少有人对造成这些交往困难的社会认知因素做详细的探讨，而儿童心理理论的出现为研究视障儿童的社会认知提供了新的思路。其次，从儿童心理理论本身的研究上看，主要的心理理论研究的理论模型都强调视觉信息（特别是目光交流）的重要性。比如模块论认为，儿童心理理论模块的发展依赖于目光方向探测模块的发展；而建构理论认为，儿童的视觉模仿是心理理论形成的起点。根据这些理论，缺乏视觉信息交流将会对儿童日后的心理理论发展产生严重影响，那么视觉障碍儿童的心理理论发展必然受到干扰，对这一类儿童的心理理论发展状况的研究重要性也就不言而喻。

最早对视障儿童心理理论发展产生怀疑，是由于视障儿童的某些行为与自闭症儿童十分相似。有学者研究发现，仅仅根据自闭症行为检查表的得分，无法将言语智商低于 70 的视障儿童和自闭症儿童区分开，言语智商高于 70 的视障儿童的这类行为的出现率却高于正常儿童。因此他们提出，如果心理理论缺乏是自闭症儿童刻板行为的原因，那么也可能是视障儿童类似行为的原因。近年来国外对视障儿童的心理理论发展的研究，在方法上主要也都采用上文提到的两类经典错误信念任务范式。这两项任务研究情境简单明了，儿童的行为可以清楚地归因为对他人心理状态的理解和推断，因而也是儿童心理理论的重要里程碑。

麦卡尔平和摩尔（McApline，Moore，1995 年）[1] 对一组 4 至 12 岁（智龄在 4 岁或之上）的视障儿童进行了错误信念理解的研究，他们使用的两项任务是"非预知性实物任务"的触觉版本：汉堡包的包装盒内放入肥皂以及牛奶瓶内灌入清水，让儿童预测他人

〔1〕　McApline, Linda. M, Moore, "The development of Social Understanding in children with Visual Impairment", *Journal of Visual Impairment & Blindness*, 1995, 84 (9), pp. 349~359.

会以为这些容器里放的是什么。该实验的缺点主要在于它缺乏可供比较的正常儿童对照组，以及对视障儿童取样上其年龄跨度和视障程度参差不齐；其研究结果也主要是描述性分析为主而缺乏对数据的统计分析。但实验结果显示部分视障儿童，特别是严重视力障碍的儿童在完成心理理论任务上存在困难。

明特（Mint）、霍布森、毕夏普（Bishop）在 1998 年的实验则对先前的研究加以改进，他们对 21 个先天严重视障儿童的错误信念理解进行评估，增加了实龄和言语智龄（4 岁以上）的正常儿童对照组。实验的两项任务是"非预知性实物任务"和"非预知性位置任务"的非视力版本。前一项任务为"茶壶"任务，即让儿童触摸一个很热的茶壶，当儿童估计茶壶里装的是热水后让他触摸出其中其实是热的沙子，然后让他对他人摸到茶壶后的反应作出判断；后一项任务是"盒子"任务，实验者准备三个不同质地的盒子，在其中一个里面放入一支铅笔后离开，实验者 A 和孩子一起"做游戏"，把铅笔转移到另一个盒子里，然后让孩子判断实验者 B 回来后会在哪个盒子里寻找铅笔。实验结果发现，正常视力的儿童在两项实验中均处于天花板水平，80%的视障儿童通过了"盒子"任务，但是只有47%的视障儿童通过"茶壶"任务，两项任务通过率有着显著性差异。一般而言，"非预知性实物任务"和"非预知性位置任务"的难度是有梯度的增加的，而"茶壶"任务与"盒子"任务结果却恰好相反。造成这一结果的原因之一可能是在"茶壶"任务中，视障儿童原先估计茶壶里的热水是很烫手的，所以在用手去触摸检验时，其注意的焦点可能在防止危险性的发生上，而对于用视力观察的正常儿童而言则没有这种干扰；另外，先前研究表明，错误信念的任务完成在增加欺骗程度和增加儿童自己操作的动作时，其完成情况会更好，盒子任务在这两点上都有涉及，因此也可能是影响的因素。而彼得森等人则提出了不同的解释，他们认为"茶壶"任务这一表面事实任务需要比较复杂的视觉的观点采择技能，因而不利于视障儿童完成任务；而且，这一任务可能并不能欺骗视障儿童，因为其非视觉的表面事实（茶壶里的水）并不明显，因而不能造成儿童错误信念的产生。彼得森等在自己的实验中用不同的设计进行了"表面事实"和"非预知性位置任务"的研究，结果发现视障儿童在两项任务的完成上均有困难，且通过的比例相近。

莎拉和琳达（Sarah，Linda，2004 年）[1]在以类似的方法对视障儿童错误信念的研究中，对前人的经验教训加以总结，并且对影响视障儿童心理理论的因素进行探讨。他们同样发现了视障儿童在错误信念任务完成上的困难，但增加欺骗程度和增加儿童自己操作的动作并不能有助于任务的完成。在相关因素的研究中，心理理论和视障儿童的学校类型（特殊学校还是随班就读）以及造成视障原因的医学诊断没有显著相关。在年龄方面，错误信念任务的完成和视障儿童的言语智龄显著相关，和言语智商接近相关而和实际年龄相关不显著。因此，言语智商以及智龄和心理理论的关系研究主要有以下几种可能性：首先，视障儿童言语能力只是其一般发展状况的指标，也就是说，这些在心理理论任务完成上表现较差而且言语智商较低的儿童是由于其认知等各方面整体发展水平的低下所致；其次，很多研究发现，自闭症儿童心理理论和其言语智商相关，他们可能根据语言规则而非他人的心理状态来完成心理理论任务，因为视障儿童与自闭症儿童在刻板行为等方面十分相似，那么部分视障儿童也可能是根据言语规则而不是他人心理状态完成了心理理论任务；最后，视障儿童心理理论任务完成较差的原因可能是他们缺乏视觉交流，而这一缺陷随着他们言语交流能力的增长将会有所改善。

另外，研究者还从情绪理解的角度对视力障碍儿童的心理理论进行了研究。如同听力削减威胁到言语发展一样，严重的视觉障碍则关系到面部表情、注视、指点和其他有关情感和思想的非言语信息的接收。研究发现，普通儿童对内外情绪差别的认知能力出现在 3 至 4 岁，[2]11 岁儿童已表现出较强的外部情绪调节能力，而且在成

---

〔1〕 Sarah, G., Linda, P., John, S., "An investigation of First-order False Belief Understanding of children with congenital profund Visual Impairment", *British Journal of developmental Psychology*, 2004, 22 (1), pp. 1~17.

〔2〕 徐琴美、鞠晓辉："儿童情绪表达规则知识的发展及其影响因素"，载《浙江大学学报（人文社会科学版）》2005 年第 5 期。

人生气的情境下会使用更多的情绪表达规则。视障儿童由于自身的缺陷，即使与普通人交往也接受不到面部表情的明确反馈，这影响了其社会认知的正常发展，也可能影响其内外情绪差异理解能力的形成与发展。因此，先天患有视觉障碍的儿童在发展语言和人际交流方面明显缓慢，相应地，他们参与家庭中关于信念、情感和其他无形的心理状态的交流就进一步减少。已有的关于视觉障碍儿童的心理理论研究结论支持了这一理论推导，即盲童心理理论的发展与后天手语聋童和孤独症儿童一样迟缓。例如，彼得森等人（2000年）[1]的研究发现，一个盲人6岁被试组中只有14%的儿童能够通过错误信念任务，相比之下，12岁组也只有70%能够通过测验任务。同样，这种发展性延迟也被视为是具有领域特殊性的。然而，这种观点现在也面临着新的挑战。焦青等人沿用先前的错误信念测验任务对93名6至12岁存在视觉障碍的盲校学生进行了考察，研究证实视障学生与孤独症儿童一样不能通过错误信念理解任务，但是研究并未发现不同类别（先天与后天、盲与低视力）的视障学生在理解他人心理方面的显著差异。[2]这一研究结果表明，视力残疾的程度，视觉经验的有无，与正常人共同生活经验的多少以及性别因素等对视障学生理解他人的心理状态的影响不大。

此外，还有研究者从其他角度对视障儿童的心理理论做了研究，比如，有学者发现盲童的观点采择能力与戴上眼罩的普通儿童相比显著滞后；而普林格（Pring）就曾用心理理论中的故事任务法对盲童进行研究，他们发现盲童对故事人物的意图理解要比普通儿童差，在社会认知任务上的表现与普通儿童有显著差异。[3]

从以上研究中可以发现，严重视障儿童在心理理论任务的完成上存在困难，并且未通过错误信念任务的视障儿童相对而言在实龄

---

〔1〕 Peterson, C. C., Peterson, J. L., Webb, J., "Factors influencing the development of a Theory of mind in Blind Children", *British journal of developmental Psychology*, 2000, 18 (3), pp. 431~447.

〔2〕 参见焦青、刘艳红、谌静："视力残疾学生心理理论能力的研究"，载于2004年中美特殊需要学生教育大会中文论文集，第260~265页。

〔3〕 Pring, L., Dewart, H., Brockbank, M., "Social cognition in children with Visual Impairment", *Journal of Visual Impairment & Blindness*, 1998, 92 (11), pp. 754~769.

和智龄上都比较小，而在麦卡尔平和摩尔的研究中，只有智龄在 11 岁或之上的儿童两项实验任务全都通过，这可能表明，视障儿童未完成错误信念任务可能是由于他们的心理理论相关的技能发展迟滞，而随着自身的发展，心理理论水平会有所完善；但也存在另外一种可能性，即部分视障儿童的心理理论问题将独立于儿童的发展而长期存在，究竟是哪一种结果则有待进一步研究。另外，有关影响视障儿童心理理论发展的因素，比如心理理论与视障程度、视障儿童年龄以及障碍发生年龄与言语智商、言语交流能力以及环境因素的关系等都是值得探讨的重要课题。

（四）运动障碍儿童

脑性瘫痪（Cerebral Palsy，CP）又称为脑瘫，是一种源于脑损伤的先天运动障碍。这种疾病可能会在不同程度上影响个体的语言功能，但不会影响大多数人的智力发展。因此，与其他特殊儿童相比，因患有脑瘫而无法开口说话的儿童只会在与同伴和家庭成员的谈话方面受到限制。研究者们由此认为，这可能是他们心理理论发展落后的原因。达尔格伦（Dahlgren）等人对一组 14 名 5 至 15 岁智力正常、但因患有脑瘫而不能说话的儿童进行了错误信念的检验。这些儿童可以使用一种名为布利斯符号（Bliss Symbolics）的人工语言熟练地进行每天的日常交流，这种人工语言使用一些简单的图形和线条来表征词语，通过在一个机械板上排列符号产生复杂的词汇和句子。正是在这种语言的帮助下，这些被试都能够执行巴伦·科恩等人设计的错误信念任务。实际上，与同年龄正常儿童对照组的 100%和另外一组心理发展相对迟缓儿童 88%的通过率相比，只有 33%的失语脑瘫儿童能够通过错误信念任务。这一心理理论任务较高的失败率，超出了基于实际年龄和一般智力的预期结果。但是，患有脑瘫的儿童并没有表现出孤独症儿童那样的临床行为。尽管受到运动障碍的限制，他们往往表现出对社会相互作用的明显兴趣，喜欢参与到互惠的人际交往之中。

（五）癫痫儿童

癫痫是以脑神经元异常放电引起反复痛性发作为特征，是一种反复发作性短暂脑功能失调综合征。癫痫是神经系统常见疾病之一，患病率为 5%~11.2%，各年龄段均可发病，而儿童的发病率较高。随着近年来医学模式的转变，癫痫儿童的管理除了控制癫痫发作，更多地强调改善患者的认知功能，提高其社会竞争力。既往研究证实，癫痫儿童存在认知功能的损害，从而表现出复杂的社会认知功能的损害，不同程度地影响到患儿的社会功能。心理理论是一种理解自己及他人的思想、意图、信念、情感并据此推测相应行为的能力，是社会认知能力的重要组成部分。根据着重点的不同，心理理论可分为认知心理理论和情感心理理论两种成分，前者着眼于他人的思想和意图，而后者则侧重于他人的情绪和情感。在心理理论任务之二级错误信念任务、失言识别任务中，癫痫组儿童得分明显低于对照组；癫痫患儿的认知心理理论和情感心理理论得分均明显低于对照组，提示癫痫患儿心理理论能力全面受损。张婷、周农以 54 例癫痫儿童（年龄为 9 至 14 岁）和年龄、性别、受教育年限等严格匹配的 37 例健康儿童作为研究对象进行对比研究，表明：原发性或可能症状性癫痫儿童普遍存在心理理论能力的缺陷，认知成分和情感成分同时受损，其损害程度受病程、发作控制的影响。[1] 该研究结果对于理解癫痫患者神经行为问题、指导非药物治疗有一定的意义，特别对有相关认知损害的儿童尽早进行认知训练，有助于其更好地适应社会，拥有更高质量的生活。目前成人癫痫患者心理理论损害已被证实，而有关癫痫儿童心理理论研究国内外鲜有报道。

（六）特殊儿童心理理论发展滞后的原因及教育对策

综上所述，心理理论缺失仅存在于自闭症儿童的观点现已得到了充分的挑战。听觉、视觉或者运动功能严重受损的儿童可能经受着同样的心理理论发展延迟，尽管他们的智力发展正常，没有类似自闭症儿童那样的临床症状。

自闭症儿童的心理理论发展问题可以用以下两种观点来解释。先天论者持一种神经生物学的观点，认为心理理论有一种特殊的先天基础，自闭症与一种辅助朴素心理观念发展的特殊认

---

〔1〕 张婷、周农："癫痫儿童的心理理论能力特点及其影响因素"，载《安徽医科大学学报》2018 年第 3 期。

知机制的损伤有着密切的关系。[1]也就是说，在自闭症儿童不同的临床表现（包括语言能力、想象力以及社会性等能力的削弱）之下潜藏着同样的先天神经异常状况，这是个体发生"心理失明"的根本原因。近年来，霍华德（Howard）应用 MRI 和 PET 技术为脑功能研究提供了直接的实验证据。该研究发现，自闭症患者大脑颞叶内侧杏仁核发生损害，并认为这是导致他们社会认知方面存在问题的原因。[2]

与自闭症儿童心理理论发展反映了先天脑机制成熟的观点相比，社会经验论采取了"后天"的立场，将对心理状态理解的发展看作是儿童社会参与和言语发展相互作用的产物。这种观点重视语言和相互作用的重要性，强调家庭讨论、假装游戏和关于感受描述的作用，并认为它们是吸引儿童对心理状态产生注意的重要手段。[3]

根据这种后天论的观点，患有听觉障碍、视觉障碍或者脑性瘫痪的儿童心理理论发展落后，也可能是由于这些儿童不同的功能性障碍在不同程度上阻碍了他们与家庭成员关于心理信息的经常性分享有关。特别值得关注的是，关于听觉障碍儿童心理理论发展的研究结论。先天手语者聋童的心理理论发展没有得到削弱，是因为他们在家里面至少有一个能够进行有关心理状态对话的伙伴，能够与他们探讨有关心理状态的话题，给他们提供一些关于心理状态的经验、支持和建议。彼得森的研究支持了这种观点，即听觉和视觉障碍儿童心理理论问题的领域特殊性，或许可用错误信念无法通过通道并难以接收来解释，而不是语言本身的问题。从实际情况来看，与患有自闭症、感觉或者运动障碍的特殊儿童相关的心理理论问题更可能是后天而不是先天的产物。塔格·弗拉斯勃格的后天观察表明，包括自闭症儿童家庭在内的大多数家庭都较少使用有关心理状

〔1〕 Scholl, B., Leslie, A., "Minds, modules and meta-analysis", *Child Development*, 2001, 72 (3), pp. 696~701.

〔2〕 王梅："孤独症儿童教育与医学康复的最新成果综述"，载《中国特殊教育》2001 年第 3 期。

〔3〕 Astington, J. W., "The future of the ory of mind research", *Child Development*, 2001, 72 (3), pp. 685~687.

态的术语。这一结论支持了后天论的立场，即错误信念理解困难更可能是由于有关心理状态的交流较少的缘故。反过来，社会性逃避、想象力减退和言语障碍等临床症状，可能使得自闭症儿童关于无形的心理状态的家庭对话变得更加困难。莫书亮、苏彦捷认为，心理理论与言语、交往和社会功能之间的关系可能是双向的，在个体发展的不同阶段表现为不同的关系。[1]当然，对于特殊儿童个体来说，根本原因可能是完全不同的。神经生物损伤可能会延缓自闭症儿童心理理论的发展，而社会性和交流性经验也会对有感觉或者运动障碍的儿童产生影响作用。很可能的是，在某种情况下先天和后天因素共同发生相互作用，致使特殊儿童心理理论的发展落后于正常儿童。

以上对于特殊儿童心理理论发展水平的考察及落后原因的分析，为自闭症以及感觉、运动功能受损与儿童个性、社会性行为发展迟缓或异常状况之间的关系提供了一种理论解释，即这些功能性损伤与先天神经生物模块受损和后天教育等其他因素一起相互作用，导致了这些儿童心理理论发展的落后，使得他们无法获得构建完备心理理论的经验和支持，进而不能正确理解他人的心理状态，因此表现出个性、社会性行为的偏差。对于特殊教育来说，无法改变的是儿童的残疾程度，但是可以尽可能地提供相应的功能性支持，增加与特殊儿童之间有关心理状态的共享性交流，加大其言语及交往技能的培养，促进他们对心理知识的理解和建构。例如，对于那些生长在健听家庭中的后天手语聋童，应当让他们和他们的家人尽早学习手语这种交流工具，以免错过心理理论发展的关键期；在家庭的日常生活中，家长应多注意将家庭成员之间有关心理知识的对话通过手语翻译给孩子，提供孩子间接学习的机会；在学校教育中，积极关注聋人学校教师的手语水平和教育水平，以保证与聋人有关心理知识的交流的质量。希望能够通过心理理论发展的促进，帮助特殊儿童获得良好的社会适应能力，早日回归主流社会。

---

〔1〕 莫书亮、苏彦捷："孤独症的心理理论研究及其临床应用"，载《中国特殊教育》2003 年第 5 期。

第七章
影响儿童心理理论发展的因素

第一节　内部因素

一、语言

（一）语言与心理理论的关系

纵观心理理论以前的研究，研究对象大部分都是以正常儿童为被试，研究方法主要是佩尔奈和威默设计的经典的错误信念任务，如意外内容或改变地点任务，后来的研究大部分也都是对这种范式的变式。这种任务就是给儿童提供一个故事（或伴以木偶演示和相关图片呈现），要求儿童回答错误信念理解问题。因为实验研究所使用的错误信念任务主要是言语任务，包括儿童对故事和问题的理解与回答都离不开语言能力，所以儿童不能完成任务也许是语言能力障碍。虽然有研究者试图设计所谓非言语任务，但因为很难消除被试已经掌握了语言并试图用语言来表征客观事物这一能力因素，所以非言语任务的设计和实验的实施变得十分困难。于是这也引发了对于心理理论和语言能力之间关系的研究，并成为心理理论和其他因素之间关系研究中的一个较为重要的方面。

关于语言与心理理论之联系的研究颇多，大多数研究倾向于支持语言能力和心理理论之间存在着十分密切的关系，例如阿斯廷顿和詹金斯（1999年）的研究，拉夫曼、斯雷德、罗兰森、孙赛和加纳姆（Ruffman, Slade, Rowlandson, Rumsey, Garnham, 2003年）的研究。支持这一关系的证据十分强势，因为这些研究中有一些是纵向设计的，并且表明语言能力能够预测以后的心理理论。目前，尚不明朗的是这种关系是存在于整体语言能力上，还是存在于某种比较具体的水平上，例如句法水平或词汇水平。相应地，对于语言为什么与心理理论发展有关也是众说纷纭。

十几年来，关于心理理论与语言能力之关系问题的探讨，一直是有关心理理论和语言的群体进化和个体发展研究领域中的热门话题。阿斯廷顿和詹金斯（1999年）[1]提出，心理理论和语言的关系可能存在三种情况：①语言依赖心理理论能力。②语言是心理理论的前提和基础，即心理理论依赖语言。③二者可能都依赖第三种其他因素，如工作记忆和执行控制功能等。目前对于二者关系的研究大多属于一种相关研究，即分别测量儿童的语言发展水平和能力，和儿童完成错误信念任务的情况，然后计算二者之间的相关程度。目前国内也有相关的研究，但要能够解释二者的关系还需更深入的实验探讨。语言也可能在好几个水平上并以好几种方式影响着心理理论的发展。例如，它可能分别影响心理状态理解和认知灵活性。因此，考察语言标签效应的作用仅仅是语言影响心理理论能力发展的一个方面，未来还需更多的实验研究来确切地了解语言在这些过程中是怎样起作用的。

(二) 儿童语言发展的特点分析

儿童最初是从其喂养者和周围成人那里获得语言信息的。婴儿对他们所听到的语言的某些特征十分敏感，如声音形式、词汇语法特征、构词规则或成人语言的结构。他们往往首先习得生活中最常用的名词、动词和形容词，然后再扩大到其他范围。不可否认，在使用和不使用语言两种不同的情况下，我们对事物所做的分类并不总是相互匹配的。这就使得人们必须对经验建立起多种表征，其过程不仅是以语言为基础，而且还要以范畴、分辨、分类和记忆等认知发展为基础，儿童在其认知发展中尤为如此。

儿童最早建立的关于客体、关系和事件等的概念性表征为语言表征的获得提供了一个总的支点，而且这个支点也是后来全部语言

〔1〕 Astington, J. W., Jenkins, J. M., "A longitudinal study of the relation between language and theory of mind development", *Developmen Psychology*, 1999, (35), pp. 1311~1320.

的基础。首先，人类对感官输入和背景信息进行表征。在生命的头12个月里，即在婴儿掌握语言的表征特征之前，他们开始把已知的实体和事件组织起来，但当他们学习语言的时候，它们之间的差异出现了，因为不同语言在对经验进行编码的过程中是有差别的。虽然所有语言都具有其自身的语法和词汇，但无论是哪种语言，都不能对现有概念范畴的每个细节做出表达。词汇只是强调了某些元素却忽视了其他方面，并且几乎每种语言都可以对同一个事物进行多种不同形式的表达，所以儿童必须找出其语言所代表的正确范畴，可以说这个任务可能一直会持续到成年期。儿童学习生词，并把它与相应概念表征建构在一起。但是由于语言之间是有差异的，因此儿童学习不同语言的时候总是先描绘不同的语言形式，然后将其建构到相同经验的概念性领域当中。他们如何表达每个领域取决于其所获得的语言，其中某些差异几乎是在儿童刚开始学习语言的时候就已经表现出来了，这一点在儿童空间概念这一领域当中就可见一斑。

（三）语言能力与心理理论能力关系的辩证思考

拉夫曼认为，语义和语法均与心理理论有联系，是因为在正常的发展中语法是语义的线索之一，即语法的引发作用（Syntactic bootstrapping），而语义又是语法的线索之一，即语义的引发作用（Semantic bootstrapping）。在儿童期，语法和语义均快速发展，并且通过帮助儿童反思和精炼关于心理的内隐知识，促进了心理理论的发展。在正常发展中，儿童最初的心理认识很可能是潜在的、内隐的，体现在他们的行为中，而不是表现为能够用言语加以表达的见识。这种初始的认识可能是先天的，但是学习很可能在其进一步的发展中起着某种重要作用。例如由于对人类面孔（起着某种通向人类心理的窗口的作用）所具有的兴趣以及对社会现实的观察，使得儿童能够利用统计学式的学习能力进行模式匹配（把各种不同社会结果与某些前提条件联系起来）。随着他们语言能力的发展，他们在这些内隐直觉的基础上逐渐形成了某种受意识调节的基于言语能力的理论。语言之所以能够帮助个体形成外显理论，是因为其为个体外显地思考心理状态提供了术语（Ruffman, et al., 2003 年）。一些研究支持了这种看法，例如研究发现儿童在形成外显的理论之前，似乎确然存在某种内隐的错误信念认识（Clement，Perner，1994年），而自闭症儿童似乎存在非言语性的社会认识（Ruffman，Garnham，Rideout，2001年）等。

詹金斯和阿斯廷顿曾对3至5岁儿童在句法和语义方面的一般能力与误念理解能力的关系进行了研究，发现儿童需要达到一定的语言能力水平才能通过标准的误念理解任务，在达到这一阈限值之后，语言能力和误念理解之间还有一定的弱相关。他们在1999年又进行了另一项语言和心理理论关系的纵向研究。使用早期语言发展测试量表（Hersko，et al.，1981年）测试了59名3岁4个月儿童的语言发展能力和水平，并且使用意外内容任务、改变地点任务和外表—事实区分任务（Appearance reality task）来衡量儿童的心理理论能力。两种测试都是在7个月之内测验3次。结果发现，心理理论的测试分数和语言能力之间有很高的相关，儿童表现出来的一般语言能力（特别是句法的能力）能够很好地预测其心理理论的发展，但相反的预测则不能成立。他们认为完成心理理论任务确实离不开语言，语言在心理理论的发展中起基础性的作用。总之这个实验证实了第二个假设。但是查尔曼和巴伦·科恩等人在研究联结注意（Joint attention）、模仿和游戏与语言以及心理理论的关系中发现，44个月的幼儿的接受性语言（Receptive language）和表达性语言（Expressive language）与心理理论有正相关，但没有达到显著性水平。再早些时候的接受性语言和心理理论不成正相关，而20个月时的接受性语言与心理理论成负相关，即使IQ因素被排除之后也是如此。这和阿斯廷顿等人的研究结果是不一致的。这可能是检验低年龄儿童的心理理论和语言关系的一个受限制的问题，怎么直接衡量儿童的语言能力是加深研究的一个关键。

当前普遍为大多数人接受的一种认识就是，在以言语任务为主的错误信念理解能力测试中，总是要依赖于一定的语言能力。但是不能把语言和心理理论的关系简化为一种谁依赖谁的模式，也许二者在更深的层次上有复杂的关系。在儿童的心理理论能力没有成熟之前，儿童对词汇和句法的掌握就已经开始了。之后儿童的语言能力的发展便促进了对错误信念的理解，因为它使儿童能够更明晰地表征这种信念的状态。而在 4 岁前不能通过错误信念任务测试，有可能是对句子的嵌套形式不理解，也有可能是因为儿童并不理解客体和对客体的表征之间的关系。有研究者认为儿童在 6 岁左右能够通过二级错误信念理解能力测试，表明儿童已经发展起成熟的心理理论能力。但是正常发展的个人对他人的心理状态的理解和预测，以及作出恰当反应的能力却存在很大的个体差异，那么在这种情况下个体的语言能力水平和心理理论能力之间又是什么关系呢，对此还缺乏研究。另外，萨巴格和鲍德温（Sabbagh，Baldwin）研究了平均年龄为 3.3 和 4.3 岁的学龄前儿童的心理理论和语义能力发展之间的关系。他们让儿童在两种条件下学习新词，一种条件是参加游戏学习的成人即实验者表现出对新词熟悉和了解的知识状态，一种条件是实验者表现出无知或不熟悉和不肯定的知识状态，结果在前一种条件下儿童的学习效果显著好于后者。说明儿童在建立词和它的指代之间的关系时能考虑到成人的知识状态和心理理论，学习中心理论的确对词的学习产生一定的影响。根据这个实验研究我们可以分析，为什么强调老师在教学中要保证知识的科学性和思想性——知之为知之，不知为不知——一个原因就是因为幼儿在建立词和它的指代物或意义之间的联结中，会倾向于根据老师的心理状态和知识表现来支持学习。

以上的一些研究揭示出，儿童要完成测量心理理论能力的经典的错误信念任务，就必须具有一定的语言能力，包括词汇的掌握和语法的理解。但是在对于周围环境事件的理解中，语言只是所使用的较为重要的表征方式之一，在语言充分发展起来之前和达到足够高的水平之后，语言能力和心理理论的发展及操作之间是什么样的关系呢，这就涉及二者的发展过程及其关系。

二、执行功能

虽然早在 20 世纪 80 年代末就出现了一些有关执行功能和心理理论之间关系的实证研究，但是直到 1996 年罗素才首次提出关于二者关系的理论。[1]从执行功能发展的角度去研究其对儿童心理理论发展的影响作用的理论观点被称为心理理论发展的执行功能说（Executive function accounts of theory of mind development）。执行功能说认为，执行功能或者影响心理理论的发生，或者影响心理理论的表达。许多研究者都证实了二者之间有密切的相互关系。

（一）执行功能的概念

20 世纪 80 年代中期以来，发展心理学领域出现了大量对执行功能的研究。执行功能不仅有自身的发展规律与作用机制，而且可以作为许多认知活动的影响因素，对这些认知活动起着预测和解释作用。但是，对于什么是执行功能，不同的心理学家有不同的理论见解。简单来讲，执行功能（Executive function，EF）是指对某一问题的持续有效解决以达到预定目标的神经认知过程。它包括一系列比较高级的认知过程，例如制定计划、给出判断、做出决定、预料或推理、注意的控制和任务完成等。

执行功能的缺损会导致儿童在认知活动方面的不协调或不正常。例如，注意缺陷多动障碍（Attention Deficit Hyperactivify Disorder，ADHD）儿童中常可发现不同程度的执行功能的缺损，而这种执行功能的缺损表现将对儿童的整体功能造成明显不利的影响。罗兹（Rhodes）等[2]使用剑桥神经心理测试（Cambridge Neuropsychological Test Automatic Battery，CANTAB）软件对 75 名未用药的 ADHD 男童及 70 名健康男童进行对照研究，结果发现 ADHD 患者在工作记忆、计划、策略形成、注意转换、及反应时间上均有缺损表现，这提示 ADHD 儿童在执行功能的多个方面存在缺损。以往的研究表明，3 岁儿童能够完成错误信念任务，但在外表—事实区分任务上有困难，4 岁儿童几乎全部通过错误信念任务也能完成外表—事实区分任务，其原因之一在于 4 岁儿童能够利用一些复杂的规则进行推理归纳并

〔1〕 李红、李一员："执行功能和心理理论关系的发展研究"，载《西南师范大学学报（人文社会科学版）》2005 年第 2 期。

〔2〕 Rhodes, S. M., Coghill, D. R., Matthews, K., "Neuro psychological functioning in stimulant-naïve boys with hyperkinetic disorder", *Psychol Med*, 2005, Aug, 35（8）, pp. 1109~1120.

进行必要的调节，而对这些复杂规则掌握和运用正是儿童执行功能的范畴。鉴于此，执行功能较强的儿童其心理理论任务完成情况也应较好。因此，对二者关系的考察，有助于研究心理理论的内在机制和个体差异问题，对于发展儿童的 ToM 能力，帮助和治疗自闭症儿童有重要的理论意义和实践价值。

（二）对心理理论与执行功能关系的研究

心理理论的执行功能说认为，儿童在能够建构复杂的心理生活的概念以前，首先要具有一定水平的执行能力。也就是说，没有能够使自己远离当前刺激的能力的话，儿童是不能在这个当前刺激的表征水平上进行反应的。因此他们认为，儿童在心理理论任务上的失败是因为他们缺少某种执行功能，进而影响到他们对一些关键性概念的获得，例如关于信念（belief）概念的获得，执行功能与这些概念的获得是交织在一起的。可见，这种观点实质是认为执行功能影响心理理论的产生，只有具有正常的执行功能，心理理论可能才会顺利产生。如卡尔森和摩西（Moses）对儿童的关于心理理论任务行为与执行功能任务的个别差异研究发现：抑制控制任务与心理理论任务的相关比率为 0.66。卡尔森和摩西也强调抑制控制，即儿童在进行心理推理时，必须抑制与某一任务不相关的行动和思想[1]。

除了心理理论的执行功能说之外，另一种观点认为心理理论的发展促进了执行功能的发展，还有一种观点认为心理理论也许并不是执行功能的先决条件，执行功能也不是心理理论的先决条件，真实的情况可能是：存在某种共同的认知因素，它对于解决执行功能和心理理论的发展都是必要的。许多研究者试图用两种方式来剖析心理理论和执行功能的关系。一种方法是通过提供大面积的执行功能和心理理论测试来分析二者之间的相关性，第二种是在实验中操作心理理论任务的执行性要求以便了解执行性要求的变化对儿童心理理论的影响。例如，卡尔森等、哈拉和罗素等研究发现，降低策略欺骗任务（一种心理理论任务）的抑制性要求会使儿童易于解决

---

〔1〕 Carlson, S. M., Moses, L. J., "Individual differences in inhibitory control and children's theory of mind", *Child Development*, 2001, （72）, pp. 1032~1053.

该任务。与之对应，莱斯利和波利齐（Leslie，Polizzi，1998 年）[1]发现，增加心理理论任务的抑制性要求，增加了 4 岁儿童完成任务的难度。另一些研究者发现，降低心理理论任务的工作记忆要求促进了儿童在心理理论任务中的成绩。例如，弗里曼等[2]发现，在意外内容任务中，让儿童张贴一幅他们所认为的盒中物的图片，有助于他们后来报告自己的错误信念。他们提出，张贴的图片加强了儿童先前信念的记忆痕迹，从而使之易于回忆。由此可见，工作记忆和抑制控制都与心理理论成绩有千丝万缕的联系。

（三）工作记忆在执行功能和心理理论中的作用

工作记忆的概念是从短时记忆研究中提出来的。临床发现、动物实验和心理学自由回忆测验为短时记忆的存在提供了大量证据。基于前人研究，巴德利和希契（Baddeley，Hitch）于 1974 年提出工作记忆模型，认为工作记忆是指对正在被加工的任何领域的认知任务中的信息的暂时存储，是长时记忆中被激活的部分，是注意的焦点，包括视觉空间模板、语音回路和中央执行系统三部分。此后，许多研究是以言语活动与工作记忆的关系为研究对象的。视觉空间模板负责处理视觉空间信息，信息可以直接（直接知觉到的信息）或间接（从记忆中产生的表象）进入视觉空间模板。研究表明：如果把理解定义为能否判断句子的真实性，视觉空间编码对于理解是必要的；如果把理解定义为语言是否具有含义，视觉空间编码对于理解是不重要的。语音回路是专门负责以声音为基础的信息存储与控制的装置，包括语音储存装置和发音复述装置。语音信息以记忆痕迹的形式储存在语音储存装置中，而记忆痕迹如果得不到及时复述会在 1.5~2 秒钟之内衰退消失。已经发现的语音相似、词长、无关语音和抑制发音等效应从不同角度揭示了语音回路的特点。中央执行系统是由工作记忆模型核心负责的各子系统之间及其与长时记忆的联系，还负责管理注意资源和选择策略。德纳曼（Daneman，

[1] Leslie, A. M., Polizzi, P., "Inhibitory processing in the false belief task: Two conjectures", *Developmental Science*, 1998, (1), pp. 247~253.

[2] Freeman, N., Lacohee, H., "Making Explicit 3-year-olds Implicit Competence withTheir own False Beliefs", *Cognition*, 1995, (56), pp. 31~60.

1980 年）等及以后的相关研究遵循了三大原则：一是语言理解必须涉及加工和存储；二是存在一个容量有限的公用资源储备；三是工作记忆容量存在明显的个体差异。当语言过于复杂时，中央执行系统的作用集中体现在两个方面：一段时间内信息的保持和激活以及无关信息的抑制。

就目前来看，关于工作记忆在心理理论和执行功能中的作用的研究结果是有分歧的。一些研究发现了错误信念任务成绩和工作记忆的相关性，一些则没有。对这种不同的研究结果的一种解释是，这些相互独立的研究仅仅考察了工作记忆或心理理论的某些不同方面。此外，在这些研究中，有的仔细地控制了其他认知能力，如语言能力，有的则没有控制。这就难以对这些研究进行相互对比。休斯[1]发现，在控制年龄和言语能力的情况下，心理理论和工作记忆间的中度相关便不复存在。这似乎暗示着存在某种中间变量，该变量是儿童理解他人信念和表达自己思想的桥梁（比如：语言能力）。这也在对孤独症儿童和聋童的心理理论发展的研究中得到证实。[2]

赫梅林和奥康纳（Hermelin，O'Connor）等人以孤独症儿童和正常儿童为被试（其中孤独症儿童为实验组，正常的儿童为控制组），让他们回忆随机出现的单词、罕见的单词以及按顺序回忆不规则句子中出现的单词。结果发现：被试在回忆随机出现的单词以及罕见的单词的时候，实验组和控制组之间并不存在显著性差异，但是在按顺序回忆出现在不规则句子中的单词时，实验组儿童回忆的准确率显著的低于控制组儿童。[3]布切尔（Boucher）让孤独症儿童和正常儿童为被试，以他们最近经历过的事情为实验材料让被试去记忆，结果发现对基本事件的记忆，高功能孤独症儿童和正常儿童之间并不存在显著性差异；但是让被试记忆那些最近经历过的动作时，即

〔1〕 Hughes, C., "Executive function in preschoolers: Links with theory of mind and verbalability", *British Journal of Developmental Psychology*, 1998, (16), pp. 233~253.

〔2〕 李红、李一员："执行功能和心理理论关系的发展研究"，载《西南师范大学学报（人文社会科学版）》2005年第2期。

〔3〕 Hermelin, B., O'Connor, N., *Psychological experiments with autistic children*, Oxford: Pergamon Press, 1970, pp. 130~142.

使控制了他们的语言水平，高功能孤独症儿童回忆的正确率也显著的低于正常儿童。[1]路易莎·班尼特（Loisa Bennetto）等人以 19 个孤独症儿童为研究组，以 19 个正常的儿童为临床对照组，采用句子广度任务和计数广度任务对孤独症儿童的言语工作记忆进行了探讨。结果发现：孤独症儿童在高负荷的句子广度任务中的平均得分显著低于临床对照组儿童的得分，但是在低负荷的句子广度任务中两者并不存在显著性差异[2]。

（四）抑制控制在执行功能和心理理论中的作用

抑制控制（Inhibitory control）是指个体追求一个认知表征目标时，用于抑制对无关刺激的反应的一种能力。从认知发展的角度来看，抑制控制可以阻止已激活但与任务无关信息的通达，压制不适宜的优势反应制止无关信息的激活。因此，抑制控制能力是个体顺利完成某种认知活动所必需的内在机制和基本前提，如果抑制控制存在困难，儿童在认知活动中将出现显著的障碍。

抑制控制发展的重要时期是人生的前 6 年，而且在 3 至 6 岁之间是抑制控制发生显著性变化的时期。因为来自生理和行为发展两方面的研究证据都说明了这一点。已有的研究认为，大脑的前额叶（Frontal lobes）是参与抑制过程和更普遍意义上的执行功能的重要生理基础。正如鲁利亚（Luria）和其他一些人所说，来自对脑损伤成人患者的研究表明抑制能力是大脑前额叶功能的基本特征。不但如此，抑制功能的缺损也可以在出生时就得了苯丙酮尿症（Phenylketonuria，PKU）的儿童中找到。这种病是一种大脑新陈代谢紊乱，即大脑额叶区域的多巴胺神经传送水平出现紊乱。另外，还有一些研究表明，儿童的前额叶损伤导致抑制发展的停滞和缺乏。尽管在婴儿期前额叶发展十分迅速，但是在 4 至 7 岁期间它却经历了一个更加深刻的发展冲刺期。因此，抑制性控制发展的迟缓，很可能与前额叶皮质是一个较慢成熟的大脑区域的这样一个事实有关（Stuss，

〔1〕 Boucher, J., "Echoicme mory capacity in autistic children", *Child Psychology and Psychiatry*, 1978, （19）, pp. 161~166.

〔2〕 Loisa, B., Bruee, F., Pennington, B., "Intact and impaired memory functions in autism", *Child Development*, 1996, （67）, pp. 1816~1835.

1992 年）。如果从行为发展的立场来看，尽管抑制控制技能在婴儿晚期开始出现，但是它们获得显著发展却是在学前期。例如，在这一时期，当一项任务要求他们延迟某种反应时，儿童开始能够按要求压制他们对某些事物不做出反应。

心理理论研究者之所以认为抑制性控制和心理理论的发展之间可能有关，主要是因为以下几方面的原因：第一，正像前面所提到的，儿童抑制性控制的重要发展变化期是学前期，而学前期也正是儿童心理理论发生显著进展的时期；第二，与抑制性控制一样，来自脑成像研究的证据表明，前额叶也是控制心理理论的生理基础。尽管这些研究都不包括儿童，但是左前额的活动却表现出与学前儿童的社会性能力有关，这些社会性能力就是一种完好无损的心理理论发展的潜在结果（Fox，Schmidt，Calkins，Rubin，1996 年）；第三，对于孤独症个体（甚至是那些有相对正常的智商的个体）来说，除了在心理理论上有缺陷之外，他们在诸如卡片排列和河内塔等经典的执行功能任务上也表现出缺陷（Hughes，Russell，1993 年；Ozonoff，Pennington，Rogers，1991 年）；第四，也是最直接的一个原因，即成功完成心理理论任务似乎要求有得到很好发展的抑制性控制技能。例如，在错误信念、外表—现实和欺骗任务中，儿童必须抑制他们对当前的具有优势的真实状况的认识，而要对不明显的真实状况的表征做出反应。那些抑制技能差的学前儿童可能不能抵制诱惑而将这些或相关任务中的真实情况说出来。与执行功能的表达说相一致，可以设想儿童确实不是不能解释错误信念、误导的外表和其他类似的任务，而是他们由于反应冲动不能从一个延缓的反应中解脱出来。因为儿童的抑制性控制发展贯穿学前期，儿童能很好地抵制外界真实情况的干扰，进一步使得他们的心理理论的执行得到改善。

总之，抑制性控制和心理理论能力在许多方面密切相关。它们似乎拥有一个共同的发展时间进程（都是在学前期得到充分的发展），拥有一个共同的大脑控制区域（前额叶），它们的联合缺乏好像都产生同样的精神机能障碍（孤独症），而且许多心理理论任务的成功完成要求具备一定水平的抑制性控制，可调节性抑制的要求也具有可预期的效果。

(五) 执行功能能力和心理理论关系的研究展望

综上所述，众多研究都表明执行功能，特别是抑制性控制与儿童心理理论的发展之间有某种程度的相关。所以，从执行功能的角度去研究心理理论发展的问题，必然有助于进一步了解心理理论发展的内在机制和个别差异问题。但是，目前的研究还存在一些问题。

第一，执行功能与心理理论之间的确切关系仍然是一个未知数。到底是执行功能的发展水平决定执行功能的发展，还是心理理论的发展水平决定执行功能的发展，又或者是二者相互影响互为发展条件，这需要通过未来更深入的研究来解决。

第二，从系统论的角度看，执行功能是一个由自我调节、计划性、行为组织、认知的灵活性、错误的监察和矫正、反应抑制和抵制干扰等若干个子系统组成的整体系统，这些子系统之间的关系是既相互独立又相互作用的。因此，抑制性控制作为执行功能的核心成分，对心理理论的影响是单一直接的影响，还是通过与其他各种执行功能成分的相互作用而间接地影响，这是未来研究应该关注的问题。

第三，目前，多数研究中设计和使用的各种抑制性控制任务所测量的抑制性控制技能实际都属于儿童的被动性抑制控制，而不是儿童自身有意识的主动性抑制控制。而作为个体自我意识重要成分的自我控制 (Self-control) 就是人对自身心理和行为的主动控制，它包括抑制冲动、抵制诱惑、延迟满足等综合能力，表现在人的认知、情感和行为等各个方面。因此，研究主动的抑制性控制——自我控制对心理理论发展的影响更有意义。

第四，从心理理论和执行功能发展的生理机制角度看，来自脑成像技术的研究表明大脑的前额叶可能与这两种能力的发展有关，但是这大多都来自对成年人的研究，而缺少对年幼儿童大脑发展的研究。

第五，目前的研究都认为，学前期是儿童心理理论和执行功能发展关键期，但是过了学前期以后，儿童的心理理论和执行功能之间呈现什么样的发展规律还缺少研究，这也应该是日后研究的一个重要问题。

第六，既然执行功能和心理理论发展的联合缺乏导致某些特殊儿童的认知发展存在障碍，那么从这样一个角度研究特殊儿童认知的发展，必将有助于特殊儿童的临床心理治疗的发展。

所以，尽管很多研究都证明了心理理论和执行功能间的稳定的相关关系，但这些研究又存在一些细微的差别。因此，关于执行功能能力和心理理论能力的相互可预测性，还需要更深入的研究来阐明。

三、脑功能成像研究及其启示

（一）心理理论脑机制研究的概况

最近几年，随着各种认知神经研究新方法的日益先进，心理理论脑机制的研究取得了重大突破。尤其是功能性核磁共振（Functional Magetic Resonance Imaging，FMRI）也开始进入心理理论研究领域并发挥着重要作用。FMRI 通过测量血氧水平依赖（Blood Oxygen Lever Dependent，BOLD）来获取血氧动力学（Hemodynamic）变化的数据，从而间接地测量与心理过程相关的神经活动。FMRI 特别适合于回答两个任务或者过程是否有着相同的机制的这类问题。

研究范式上，心理理论脑机制的研究仍然沿用行为研究的实验范式和任务，特别是借鉴和参考了发展心理学和临床心理学在心理理论研究中所采用的一些经典实验任务，如错误信念、手势识别和语用理解，来探讨与心理理论加工有关的脑区。值得注意的是大量的临床观察研究发现，一些简单的日常行为可以较好地区分出心理理论功能受损被试和正常被试，例如：ToM 功能受损被试不能识别表达性手势（Expressive gesture），但可以理解指示性手势（Instrumental gesture）；不能理解所知道的事实（Understanding know），但理解所看到的事实（Understanding see）；不能理解含有错误信念的图片（False belief picture），但可以理解含有错误信息的图片（False picture）；不能理解话外之音（Metaphorical expression），但可以理解陈述性表达（Literal expression）。类似这样一系列的配对任务，随后就成为临床中检测心理理论功能受损患者的一种有效手段，被称为

"细切的方法论"（Fine cut methodology）研究。脑机制的实验任务正是在此基础上，从 ToM 任务内容、任务的加工方式以及任务加工流程上进行了大量的扩展。可以从三个角度对目前研究者在心理理论脑机制研究中所采用的研究范式及任务进行概括。[1]

ToM 任务所涉及的主题可以分为：①关于他人信念的研究，尤其是关于他人错误信念的研究，即让被试在自我信念和他人信念冲突的情况下，站在他人的立场去判断事实；②关于他人意图的研究，即让被试对他人的意图进行揣测；③关于他人的知识的研究，即让被试判断他人是否知道某些事实；④关于他人情感的研究，即让被试根据一些表情线索或眼动线索，对他人的情绪做出判断。

按 ToM 任务所涉及的加工方式可以分为：①言语加工方式：以故事的形式给被试呈现含有 ToM 主题的实验材料，例如，理解故事人物的错误信念；②非言语加工方式：以图片的形式给被试呈现含有 ToM 主题的实验材料，最常见的实验任务包括：理解漫画人物的错误信念、识别不同类型的手势、根据人物的眼动注视判断人物情绪等。

按实验任务加工的时间进程上可以分为：①off-line 作业：实验中经常让被试在一个虚拟的情景中，对情景中主人公的心理状态进行推测（不作公开的反应，因此实验者在采用神经影像学技术记录时并不知道被试当时的反应情况），同时记录脑电或脑的激活情况；事后通过问卷记录被试的反应并对被试的心理理论测试进行错误类型、通过率的分析。②on-line 作业：让被试对他人心理状态进行推测同时即时做出反应，并记录被试反映的信息，同步记录脑电或对脑相关部分进行扫描以了解脑的激活状况。例如，让被试与玩家（真实人物或是虚拟人物）共同参与角逐或是合作游戏时，采用神经影像学技术记录被试当时对他人心理状态进行推测的反应。目前心理理论脑机制的研究将上述三个方面进行充分而有机地结合，呈现多样化和生态化发展趋势。

---

[1] 张嫩嫩、徐芬："心理理论脑机制研究的新进展"，载《心理发展与教育》2005 年第 4 期。

在当前这个不同学科交流越来越密切的时代，许多研究的进展是有赖于其他学科的相关技术手段和理论的引进的，许多研究问题如果没有引入其他学科的相关知识甚至是无法解决的。儿童心理理论的研究也不例外。研究者确实应当摒弃那种唯技术论的看法，避免"为了 FMRI 而 FMRI"。事实证明合理地、有选择性地利用包括 FMRI 在内的神经科学的手段对于发展心理学的研究不仅是可能的，也是必要的。有关信念归因的经典的发展心理学研究借助认知神经科学手段得到了拓展，即是一个典型的例子。

（二）信念归因的神经机制

单纯理论的研究无法说明信念归因是否是独特的，因为抑制性控制和补充句法能力与错误信念任务的表现存在很高的相关性。为了解决这个问题，研究者借助 FMRI 手段来解决这个问题。如何根据 FMRI 来判断两个任务（比如信念归因和抑制性控制）是否有相同的机制呢？ FMRI 采用的方法是看两个任务是否有相同的神经活动。这是一个复杂的问题，因为目前采用 FMRI 判断神经活动的方法是看激活的脑区。但是两个任务激活了"同一脑区"，是否说明这两者就有着共同的心理机制呢？这涉及两个问题：其一，"同一脑区"是如何界定和证实的？其二，脑区（神经机制）与心理机制有什么关系？

对于两个任务激活同一区域这个结论的最有力证据是在同一段扫描时间内，在同一个被试的大脑中，两个任务在同一个脑区引起了相同的影像体素（Voxel，即 FMRI 图像中所能得到的最小的单位，相当于像素）变化。但是这通常很难达到。一般可以采取另一种方法，即区域分析（Region of Interest，ROI）的方法。在 ROI 分析中，首先是根据某个特殊任务比较或者在每个被试的大脑中的一个功能区域定位扫描，然后在这个区域里对血流量进行总和，最后比较另一个任务是否也在同一区域引起了相同血流量的变化。最后也可以采用团体分析（Group analyses）的方法。在团体分析里，所有被试的大脑图像被校准（Align）到同一个区域中再对所有的被试的数据进行分析。总的来说，"两个任务激活了同一脑区"最有力的证据仍然是来自同一个被试的分析或者来自同一个 ROI 的分析，最不可靠的是根据激活同一个比较大的脑区来判断[1]。

而有关脑区激活与心理机制关系的问题则比较复杂，这是因为心理机制考虑的是心理过程，而脑成像只能检测皮层血流量的活动，一个影像体素对应着成千上万个神经元，因此，即使两个认知活动在同一个影像体素引起相同变化，也有可能是由两个不同的神经元群体引起的，故在解释这些结果时必须十分小心。当然，如果这个影像体素变化对于某两个任务有着相同的变化模式而对其他大多数任务则没有的话，我们还是可以比较肯定地说，即使这个影像体素变化是由两个不同的神经元群体引起的，它们在功能上也是有着十分密切的联系，即存在强的功能联结（Functional connectivity）。

根据上面的逻辑，首先看信念归因的神经机制。研究信念归因 FMRI 范式许多是基于发展心理学的研究范式，即错误信念任务。戈埃尔（Goel）等人[2]采用一种新的方法，让被试判断哥伦布是否知道图片中某个物体的功能。在这些研究中无论是错误信念范式还是戈埃尔采用的新范式，都激活了内侧前额叶（Medial prefrontal cortex，BA9）、两侧颞极（Temporal poles，BA38）、颞上沟前侧（Anterior superior temporal sulcus，BA22）、两侧颞顶连接（Bilateral temporoparietal junction）扩展到颞上沟后侧（Posterior superior temporal sulcus，BA39/40/22）。但是这些脑区是不是就是信念归因的神经机制呢？对此尚不能妄下结论。首先，解决错误信念任务远不止单单涉及信念的概念，其次，信念概念也不止是通过错误信念任务，而且在脑成像标准的减法范式中，激活的意义是相对于被减去的控制条件而言的。萨克西等人提出了一个脑区是否涉及信念归因的两条标准：一般性（Generality）和特殊性（Specificity）。一般性指的是对于所有涉及到信念归因的刺激都应该在这个脑区里激活；特殊性指的是这些激活必须只对于信念归因有特殊反映，比如这个脑区对

〔1〕 Saxe, R., Carey, S., Kanwisher, N., "Understanding other minds: Lining developmental psychology and functional Neuroimaging", *Annual Review Psychology*, 2004, （55）, pp. 87~124.

〔2〕 Goel, V., Grafman, J., Sadato, N. et al., "Modeling other minds", *Neur Report*, 1995, （6）, pp. 1741~1746.

于刺激呈现中的一个人本身不应该有高的激活而应是对这个人的信念归因有高的激活。脑成像的研究证据确实满足了这两条标准。研究发现对情景的正确信念也激活了颞顶连接处、颞上沟、内侧前额叶；萨克西和坎维舍（Kanwisher）[1]采用 ROI 分析也得到了类似的结果，因此这些证据达到了一般性的标准。同时，他们还发现，对于推理看不到的机械力量（比如生锈和蒸发）和错误图片条件（比如不是表征马克西关于巧克力的信念，而只是通过图片看巧克力原先位置，被试的任务是推理巧克力在现实世界中的位置以及在图片中的位置）均没有发现这些脑区强的激活，因此这些证据达到了特殊性的标准。

（三）信念归因与抑制性控制关系的 FMRI 研究

抑制性控制具有许多有助于完成错误信念归因任务的成分，比如监控和侦察表征或者反应冲突，选择正确反应并抑制错误反应等。脑成像对抑制性控制的研究采用了许多范式，包括埃里克森（Eriksen）侧翼任务（Flanker task）、Stroop 任务、Go/No‐Go task 等，在这些任务中都激活了前扣带皮层（Anterior cingulate cortex，ACC）、背外侧前额叶（Dorsolateral prefrontal cortex，BA469）、上顶极（Superior parietal lobe，BA7）。比如，其中一个非常优秀的研究来自波特维尼克（Botvinick）等人，实验采用的是侧翼任务，被试的任务是判断屏幕刺激中的中央箭头是朝向左侧还是右侧，并按键反应。在一致（Compatible）的试次（trial）中，侧翼的朝向和目标的朝向一致（如< < < < <，其中中间的箭头是目标，目标左右两侧的是侧翼，起干扰作用），在不一致（Incompatible）的试次中，侧翼的朝向和目标的朝向不一致（如< < > < <）。非常巧妙的是，波特维尼克等人根据格拉顿（Gratton）效应（即在侧翼任务中，侧翼的干扰效应与它之前的试次有关，如果前面的一个试次本身是一致的，那么干扰效应会更大，相反，如果前面的一个试次本身是不一致的，那么干扰效应会更小），在分析时把不一致的试次分为两类，一类是出现在不一致试次之后的试次（记为 iI），另一类是出现在一

〔1〕　Saxe, R., Kanwisher, N., "People thinking about thinking people: fMRI investigations of theory of mind", *NeuroImage*, 2003, 19 (4), pp. 1835~1842.

致的试次之后的试次（记为 cI）。根据 Gratton 效应，在 cI 的条件下，冲突会比 iI 的条件下更强烈，因为此时的侧翼的干扰效应最大。结果发现，在 cI 试次中，ACC 的激活显著强于在 iI 的试次的激活，从而直接证明了 ACC 是冲突（Conflict）控制的神经机制。

在正确反应的选择还与两侧前眼区域（Frontal eye fields）和内顶沟（Intraparietal sulcus）有关[1]。而这些区域都与信念归因所激活的脑区没有重合。这些数据表明，信念归因与抑制性控制有着不同的神经机制，因此可以说，至少对于大人，在完成错误信念归因任务过程中可能并不需要抑制性控制。这与韦尔曼等人[2]对抑制性控制和心理理论之间的相关的解释是一致的，即抑制性控制可能有助于儿童学习他人的心理。

（四）信念归因与语言关系的 FMRI 研究

德·维利尔斯认为，语言能力对于心理理论能力是必要的。[3]如果事实如此的话，那么信念归因与句子水平的句法应有着类似的神经机制。许多研究发现了句法在左侧下顶叶中（Broca）以及其周围区域的激活，尽管因为句子句法复杂性不同，具体区域激活并不完全一致，但是这些区域与信念归因所激活的区域并没有重合。不过，在某些句法研究中也发现了另外两个脑区激活：在颞极周围的左侧前颞上沟（Anterior STS）和 Wernicke 区周围的后颞上沟（Posterior regions of the STS）。这些由句法所激活的 STS 与信念归因所激活的 STS 究竟有什么关系呢？弗斯特和冯·卡拉蒙（Ferstl, von Cramon）[4]在同一个实验里比较了这两个任务，实验中，被试的任

〔1〕 Jiang, Y., Kanwisher N, "Common neural substrates for response selection across modalities and mapping paradigms", *Journal of Cognitive Neuroscience*, 2003, 15 (8), pp. 1080~1094.

〔2〕 Wellman, H. M., Cross, D., Watson, J., "Meta-analysis of theory of mind development: the truth about false belief", *Child Development*, 2001, (72), pp. 655~684.

〔3〕 De Villiers, J., "Language and theory of mind: What are the developmental relationships?", In Baron-Cohen, S., Tager-Flusberg, H., Cohen, D. J., eds, *Understanding Other Minds*, London, NewYork: Oxford UniversityPress, 2000, pp. 83~123.

〔4〕 Ferstl, E. C., von Cramon, D. Y., "What does the frontomedian cortex contribute to language processing: coherence or theory of mind?", *Neuro Image*, 2002, (17), pp. 1599~1612.

务是读句子对（Sentence pairs），操纵两个自变量，一个是两个句子是连贯的（Coherent）或不连贯的（Incoherent），另一个是句子逻辑性质的（Logic）（两个句子描述的是一个机械因果顺序，要求被试在听完第二句话后判断两个句子是否有逻辑）或心理理论的（Theory of Mind，ToM）（两个句子描述的是跟人有关的事件，要求被试努力理解他们的感觉、动机和行为）。此外，实验还有控制条件，采用假语言（Pseudolanguage）写成的句子，假语言有可能听起来像德语，也有可能不像德语，被试的任务是判断两个句子是否采用了同样的假语言（被试是德国人）。实验发现，与控制条件相比，四种实验条件中的三种（即逻辑条件中的连贯条件和心理理论条件中的连贯条件和不连贯条件）都十分相似地激活了前后 STS 和颞顶连接区。但是这个实验存在不足，比如，由于控制条件下一半的假语言写成的句子具有相似的句法，因此无法排除句法特意性的后STS，事实上，这种句子与正常句子几乎能够以同等强度激活后STS。而且，团体分析表明，句法激活的 STS 要比信念归因激活的STS 靠前 2 至 3 厘米。因此不能够说明句法与信念归因同时激活后STS。事实上，在病人的神经心理学的研究中，研究者发现了信念归因与句法能力的双分离。总的来说，有关句法与信念归因是否有相同的神经机制还需要进一步研究，但是至少目前并没有很强的证据能够表明两者确实具有相同的机制。

（五）突破与展望

心理理论脑机制研究最为突出的价值在于从认知神经科学的角度来探讨人类社会行为发生的神经机制，同时为临床中脑损伤、孤独症和精神分裂症患者的社会行为障碍提供一种可能的解释。从目前研究状况看，ToM 的神经机制可能是广泛且复杂的，现有的研究在一定程度上证实了心理理论功能具有相对的独立性，涉及一些特殊的脑区。比较一致的研究结果为：完成 ToM 任务中推测他人心理状态（Mental state attribution）的脑区涉及腹内侧额叶，尤其是前旁带回（BA32）；完成 ToM 任务中关于他人意图和外部空间信息加工的脑区息识别的脑区主要是杏仁核。心理理论神经机制研究尽管在细小的定位方面仍然存在着分歧，但是在一定范围的大脑区域方面已经出现整合之势。

上述较一致的研究结果的获得，除了 FMRI 技术外，其他神经影像学手段，比如，CT 和磁共振成像、单光子发射计算机断层扫描（SPECT）、正电子发射计算机扫描（PET）的介入也起到了至关重要的作用。神经影像学不仅丰富和完善了心理理论研究的现有成果，也对临床中关于孤独症、精神分裂症和意外脑损伤患者的神经机制分析提供了技术支持。然而当研究者采用神经影像技术一致认为脑内侧额叶是心理理论加工的重要功能区时，还有一些临床证据表明当患者内侧额叶受损时，并不影响其心理理论功能。这使得我们在考虑采用大量 FMRI 技术等神经影像学技术的同时，传统的临床行为学研究同样是不可缺少的方法。此外，尽管 FMRI 技术日趋完善，并广泛应用于脑机制的研究中，但就时间进程而言，尤其在强调实时性的研究中，ERP（Event-related Potentials）技术也具有得天独厚的优势。ERP 是事件相关电位，是一种特殊的脑诱发电位，是通过有意地赋予刺激以特殊的心理意义，利用多个或多样的刺激所引起的脑的电位。Sabbagh 等人的研究指出，右侧额下回和颞前区的 N270-400 在觉察人物眼神的心理状态时是一项重要指标；除此之外，P300 与心理理论加工有密切的联系。虽然关于这方面的研究目前只是属于探索阶段，但是将 FMRI、PET 和 ERP 等各种神经影像学技术结合起来研究心理理论的脑机制不失为一条行之有效的途径。

第二节　外部因素

一、家庭因素

儿童最初的生活经验主要通过家庭获得。哈瑞斯曾提出一个关于儿童心理理论发展的理论假设：儿童对想法和情感的理解是随着他们参与这些对话的机会而变化的。在这种交谈背景下，由于交谈双方很少有共有的想法和相同的知识背景，因此要求他们能够理解知识和信念之间的差异，才能使对话顺利进行。一些实证研究也证明了那些经常参与对话的儿童，能够在心理理论任务中表现得更为出色。而儿童一出生最早接触的经验就在家庭中，家庭中的一些对话环境因素会或隐或显地影响着幼儿的心理理论发展。研究者们就心理理论与家庭间的关系做了大量的研究，涉及了家庭中的许多方面，主要有家庭规模，兄弟姐妹间的相互关系，家庭交流方式等。

（一）家庭规模大小

建构主义理论认为，儿童早期与他人的社会交往有助于儿童心理理论的发展。研究表明，出生在大家庭中的儿童心理理论发展更好。国内外学者对这方面研究最多的是家庭中兄弟姐妹的数量与心理理论间的关系。研究证实：儿童心理理论的发展和兄弟姐妹的数量显著相关。有兄弟姐妹的儿童，心理理论任务的得分比在家中仅仅和父母交往的儿童得分高。1994 年，佩尔奈、拉夫曼和 Leekam 首开这方面研究之先河。他们对 76 名 3 至 4 岁儿童进行了测验，这些儿童的兄弟姐妹的数量分布在 1~3 个之间。研究结果表明，儿童拥有兄弟姐妹的数量与其在错误信念任务上的得分存在显著性相关。[1]后来的一些研究也证明了这一点。例如：达斯和巴杜（Das，Babu）以学前儿童为被试，通过三项标准信念来衡量他们的心理理论发展水平，还观察记录了每位儿童自由玩耍的情景。研究结果也表明，无论是在错误信念任务中还是在自由玩耍时，当考虑到孩子对每项任务问题的解释时，有兄弟姐妹的孩子更能考虑到他人的心理状态。[2]麦卡尔平和彼得森对 63 个平均 4.2 岁的儿童为期 14 个月的跟踪研究也证实：有两个或两个以上兄弟姐妹的孩子心理理论发展更好。[3]但是，拥有年长的哥哥姐姐和拥有年幼的弟弟妹妹这两种情况对儿童心理理论发展影响是否一样，目前的研究结果并不一致。佩尔奈和拉夫曼等人的早期研究发现，儿童心理理论的发展与到底是拥有

---

〔1〕 Perner, J., Ruffman, T., Leekam, S. R., "Theory of mind is contagious: You catch it from your sibs", *Child Development*, 1994, 65 (4), pp. 1228~1238.

〔2〕 Das, S., Babu, N., "Children's Acquisition of Theory of Mind: The Role of Presence vs Absence of Sibling", *Psychological Studies*, 2004, 49 (1), pp. 36~44.

〔3〕 McAlister, A., Peterson, C., "A longitudinal study of child siblings and theory of mind development", *Cognitive Development*, 2007, 22 (2), pp. 258~270.

哥哥姐姐还是弟弟妹妹的数量没有显著相关。[1]不过，他们的后期研究却发现，拥有哥哥姐姐的数量与儿童错误信念的理解之间呈线性增长，但拥有年幼的弟弟妹妹却对错误信念的理解没有促进作用。彼得森的进一步研究却发现，只要是兄弟姐妹的年龄差异在 1 至 12 岁之间，都对 3 至 4 岁儿童心理理论的发展起同样的促进作用；但较小的婴儿和青年人，对 3 至 4 岁儿童心理理论发展没有影响。[2]

（二）兄弟姐妹间的相互关系

兄弟姐妹之间的相互关系也会影响儿童心理理论的发展。佩尔奈、拉夫曼和 Leekam 的研究发现，儿童和兄弟姐妹之间的合作关系会明显影响后期的心理理论任务成绩，而冲突、竞争、控制的关系与后期的心理理论任务成绩并不相关。[3]后来的进一步研究表明，有部分使用心理状态术语的冲突和心理理论任务的成绩也存在相关。例如，富特、福尔摩斯和丹佛的研究表明，兄弟姐妹冲突类型和孩子的错误信念理解相关，即在控制年龄和普通语言能力后，儿童使用围绕他人的争论与错误信念任务的成功表现显著相关，而没有争论、围绕自己的争论与错误信念任务的消极表现相关[4]。事实上，不管兄弟姐妹之间的相互关系是合作关系，还是冲突、竞争关系，只要他们之间经常进行对话，尤其是与心理状态有关的对话，就会促进他们的心理理论发展。因为，儿童在日常的交流中都需要了解别人的想法或意图，从而认识到不同的人有不同的理解，并开始对他人的心理状态进行思考。

（三）父母言语交流方式

父母言语方式类型对孩子的心理状态理解有很大影响。拉夫曼、

〔1〕 Perner, J., Ruffman, T., Leekam, S. R., "Theory of mind is contagious: You catch it from your sibs", *Child Development*, 1994, 65 (4), pp. 1228~1238.

〔2〕 Peterson, Candida, C., "Influence of siblings' per-spectives on theory of mind", *Cognitive Development*, 2000, 15 (4), pp. 435~455.

〔3〕 Perner, J., Ruffman, T., Leekam, S. R., "Theory of mind is contagious: You catch it from your sibs", *Child Development*, 1994, 65 (4), pp. 1228~1238.

〔4〕 Foote, R. C, Holmes-Lonergan, H. A., "Sibling conflict and theory of mind", *British Journal of Developmental Psychology*, 2003, 21 (1), pp. 45~58.

斯雷德和克罗（Crowe）的研究也发现，在儿童 4 岁初的亲子阅读中，母亲的心理状态语言预示了儿童在 4 岁末心理理论的表现。[1]艾德里安（Adrian）、胡安（Juan）、克莱门特（Clemente）、罗莎（Rosa）等人也研究证实了亲子联合阅读故事书的频率数和是否使用心理状态术语都与错误信念任务的表现显著相关。[2]国内学者桑标等人以幼儿园中大、中、小班 60 名幼儿作为儿童被试，以他们的家长作为家长被试，通过观察亲子互动游戏来考查亲子间心理状态术语、非心理状态术语使用与儿童心理理论发展的关系。实验结果表明，控制了年龄因素后，母亲心理状态术语使用对儿童心理理论发展有重要影响。自闭症儿童研究结果亦然。哈勒（Hale）和弗拉斯博（Flusber）跟踪调查 57 位自闭症儿童的对话技能和心理理论的发展轨迹。在一年之内对儿童进行两次考察，用观察法收集儿童与一位家长在交流时的自然言语样本，用测验法获得儿童标准词汇量和错误信念任务成绩。最后，把自然言语样本编码作为谈话技能，尤其是与主题相关的连贯话语的使用。一年后，自闭症儿童围绕一个主题谈话的能力显著提高。研究证明了心理理论发展与连贯的对话能力互为促进。[3]综上所述，这些研究都表明，那些与孩子充分对话的母亲（或父亲）促进了儿童对心理状态的理解，而并没有证据证明存在着消极影响。进一步的研究也说明，仅仅是话多的母亲并不能促进儿童对心理状态的理解。例如：查尔曼、拉夫曼等人发现，尤其是母亲的心理状态对话而非其他方面（如描述或谈话）的对话预示了儿童心理理论的表现。如果父母的训练策略着重在心理状态（如受害者的感觉，无意侵犯等），那么孩子在错误信念任务中的成

---

〔1〕 Ruffman, T., Slade, L., Crowe, E., "The relation between children's and mothers' mental state language and theory-of-mind understanding", *Child Development*, 2002, 73 (3), pp. 734~751.

〔2〕 Adrian, Juan, E. Clemente, Rosa, A., Villanueva, Lidon, "Parent-child picture-book reading, mothers' mental state language and children's theory of mind", *Journal of Child Language*, 2005, 72 (3), pp. 673~686.

〔3〕 Hale, C. M., Tager-Flusberg, H., "Social communi-cation in children with autism: The relationship between theory of mind and discourse development Autism", 2005, 9 (2), pp. 157~178.

功要比其他孩子早。[1]

二、同伴交往

儿童不能自发地获得心理理论，必须通过社会活动的参与、成人的教导和与同伴的合作。随着儿童年龄的增长，社会活动范围的不断扩大，尤其在进入幼儿园（大约3岁）以后，儿童与其他小朋友一起玩耍、生活的时间增多，随之逐渐发展起来的同伴交往（Peer interaction）远远多于与成人之间的交往。更为重要的是，在与成人的交往中，更多的是成人控制—儿童服从，儿童寻求帮助—成人主动提供帮助，体现的是一种"权威—服从"关系，双方在心理和地位上存在不平等性；而在与同伴的交往中，儿童彼此之间是平等互惠的关系，只有能够正确理解同伴的想法、意图、情绪等基本心理状态，并据此预测和解释同伴的行为，儿童与同伴之间的正常友好交往才能实现。那么儿童的这种理解他人心理状态能力的发展与其特殊的社会关系——同伴关系相关吗？如果答案是肯定的，二者之间的关系又是怎样的？孰因孰果呢？为了弄清这些问题，人们进行了大量关于儿童心理理论与其同伴接纳水平（能够表明同伴交往、同伴关系的好坏）间关系的研究工作。

（一）心理理论与同伴接纳之间的相关研究

非常明显，心理理论与同伴接纳之间存在着密切关系。人际关系好坏与否，个体是否能融入社会群体中，首先取决于个体对不同类型人际关系的理解，以及在此基础上发生的相应行为。理解人际关系就是在特定情景中能意识到自己和他人的地位，并能对他人的观点进行推理。心理理论能力好的儿童，能够更好地理解他人的想法、意图和情绪等心理状态，因此在与同伴的交往中会更好地满足他人的需求，采取更加有利于交往的言行举止，最终受到许多小朋友的喜欢，反之那些心理理论能力差的儿童就容易受到同伴的拒绝排斥。

---

[1] Charman, T. R., Ted, C., Wendy, "Is there a gender difference in false belief development", *Social Development*, 2001, 11 (1), pp. 1~10.

心理理论的研究者们充分认识到了二者的相关性，并设计了一些实验方法来验证两者的相关性。研究模式一般是先确定儿童的同伴接纳水平，即是把儿童分成受欢迎的（Popular）、被拒绝的（Rejected）、被忽视的（Neglected）、矛盾的（Controversial）还是一般的（Average）等不同的同伴关系类型，然后测量儿童在诸如欺骗、错误信念理解和情绪理解等心理理论任务上的得分。最后，进行各个变量之间的相关分析。已有的研究结果表明，儿童的心理理论能力与其同伴接纳类型之间确实存在相关性。沃森等人（1999 年）的研究发现，儿童与同伴间的积极交往与其"心理理论"能力呈正相关。斯劳特（Slaughter）等人对 4 至 6 岁儿童的年龄、心理理论能力、社会偏好和社会影响四个变量作的皮尔逊相关分析表明，心理理论能力和社会偏好两变量相关性显著，即使把年龄作为控制变量时两者之间的相关性依然显著[1]。巴德尼斯（Badenes）等人（2000 年）的研究也表明：4 至 6 岁受拒绝儿童在欺骗任务和撒谎任务上的得分都是显著地低于受欢迎组和一般组，他们的研究还发现，女孩受欢迎的程度与她们的欺骗能力呈正相关。[2]由此看出，同伴关系的好坏对个体"心理理论"能力的发展有着重要影响。因此，引导儿童建立良好的同伴关系，对儿童"心理理论"能力的发展有着重要的作用。

（二）心理理论能力对同伴接纳的影响的研究

20 世纪七八十年代的研究者们认为，儿童同伴关系的形成受其社会行为的影响，亲社会行为导致儿童受到同伴的喜欢，而攻击性行为导致儿童受到同伴的排斥。但近来研究者们则试图从认知能力的影响因素上，尤其是社会认知能力方面来探察儿童受欢迎（或受拒绝）的原因。例如，陈益比较了解决人际问题的认知技能（ICPS）方面，不同的幼儿的同伴交往行为的差异。结果发现，高

〔1〕　Slaughter, V., Dennis, M. J., Pritchard, M., "Theroy of mind and peer acceptance in preschool children", *British Journal of Developmental Psychology*, 2002, 20（4）, pp. 545~564.

〔2〕　Badenes, L. V., Estevan, R. A. C., Bacete, F. J. G., "Theory of mind and peer rejection at school", *Social Development*, 2000, 9（3）, pp. 271~283.

ICPS 幼儿的同伴交往行为优于低 ICPS 的儿童，即表现出更多促进同伴交往的行为；研究还发现当从解决问题、理解原因和预料后果三方面对 ICPS 低的儿童进行认知训练后，与控制组相比，幼儿的正性提名数上升，负性提名数下降。[1]其中，理解原因能力的训练是指通过提高儿童正确知觉社会情境的能力来促使儿童做出适宜的交往行为。王争艳等人在研究中发现，虽然行为训练法、认知训练法和情感训练法都可以促进同伴交往水平，但对被拒绝儿童采用认知训练法效果更好。刘明等人对新入园幼儿的跟踪研究表明，幼儿只有能认识到他人的意图、情绪、信念和知识等心理状态后，才可能对各种社会行为情境有正确的认识，并做出亲社会行为的反应。[2]综上所述，儿童理解他人基本心理状态的能力影响儿童对社会情境的正确知觉，继而决定他们在社会交往中的行为，最终间接影响儿童被同伴喜欢接纳的程度。作为一种特殊的社会认知能力，儿童心理理论能力对同伴接纳有着特殊的影响规律。在斯劳特等人的研究中，将儿童的心理理论能力、皮博迪（Peabody）量表测量的言语能力、教师对儿童亲社会行为和攻击性行为的评定作为自变量，将儿童的社会偏好和社会影响作为因变量进行回归分析。结果表明：亲社会行为是社会偏好的最好预测指标；但当把儿童按年龄分成两组后，攻击和亲社会行为只是 4 岁组儿童社会偏好的最佳指标，5 岁组儿童社会偏好的最佳预测指标则是他们的心理理论能力，这说明儿童心理理论能力对其同伴接纳程度的影响是随着儿童年龄的增长而增强的。巴德尼斯等人的研究也发现，4 岁、5 岁、6 岁三个年龄组的男孩中，只有 6 岁组儿童白谎任务（white lie task）和欺骗任务（deception task）成绩与儿童的同伴接纳类型显著相关。另外，所有年龄组中女孩的社会理解能力与其同伴接纳类型都显著相关，二者之间的相关受年龄的影响与男孩组有所不同。也就是说，心理理论能力对同伴接纳的影响既受到年龄因素的影响，又存在着一定的性

〔1〕 陈益："解决人际问题的认知技能对 4—5 岁儿童同伴交往行为的影响的实验研究"，载《心理科学》1996 年第 5 期。

〔2〕 刘明、邓赐平、桑标："幼儿心理理论与社会行为发展关系的初步研究"，载《心理发展与教育》2002 年第 2 期。

别差异。但关于年龄和性别影响作用的实证数据还不是很充分，有待于研究者们作进一步的探讨和求证。

（三）深化两者之间研究的思路

国内外的大量研究充分证明，心理理论能力的发展与同伴交往存在着密切的联系。但是，仔细探查已有的研究发现：现有的研究关于心理理论与同伴交往的关系的研究基本上是基于低级的心理理论基础上的，他们的实验任务测查的是一级错误信念认知能力，对于高级的心理理论即基于二级错误信念认知的实验研究比较少。佩尔奈早在1985年就指出，个体对于真实事件的思考（一级错误信念）对于解释人与物、人与人之间的互动固然起关键作用，但它却不能充分揭示社会互动的本质。二级错误信念认知是在一级错误信念认知的基础上发展起来的一种更高级或更加精细化的心理理论形式，是许多社会推理的基础和对他人行为原因进行精确解释的必要条件。因此，探讨儿童的二级错误信念认知与同伴接纳之间的关系有助于更深入地了解儿童的社会互动。然而，已有研究对儿童心理理论的测量均以一级错误信念认知能力为指标，关于儿童心理理论更为精细化的发展——二级错误信念认知与儿童同伴接纳之间的联系较少。因此，以后的研究应侧重对于以二级错误信念任务为依据的实验研究，以探查高级的心理理论能力的获得与同伴交往之间的关系，并总结他们之间的联系模式。

三、社会文化环境

社会文化是影响儿童心理发展的重要的环境因素。社会文化由物质文化、精神文化和行为文化构成，它们对儿童心理的发展有着非常重要的影响。

维果茨基创立了"文化—历史发展理论"，用以解释与动物有本质差异的人类高级心理机能，诸如思维、逻辑记忆、概念形成、随意注意、意志等。在维果茨基看来，由于儿童自出生以来就处在其周围特定的社会环境的影响之中，他的成长过程中必然伴随着他所处的社会文化环境中语言文字符号的学习，在学习和运用语言文字符号的过程中，他以其所掌握的心理工具为中介，他的高级心理机能逐步从低级心理机能的基础上发展起来。在整个认知发展过程中，虽有生物成熟的影响，但成熟更多的是对低级心理机能（如各类感知觉）的制约作用，而对高级心理机能而言，主要受社会文化的影响。在整个儿童认知发展过程中，社会文化环境因素的影响可谓举足轻重。

研究发现，生活在不同文化环境里的人，其心理理论的发展既有相同点，亦有不同之处。前面已经提到，米勒（1985 年）在一个实验里，让美国和印度城市的居民分别解释各种行为，目的在于分析他们是根据心理倾向性来解释行为还是根据环境条件来解释行为。[1]结果发现，在两种文化条件下，8 岁的儿童对行为的解释是相似的，但随着年龄的增长就出现了文化差异，美国人更倾向于用心理倾向性解释行为，而印度人更倾向于用环境解释。甚至在美国国内也存在着文化的差异，例如利拉德（1998 年）[2]对美国农村和城市的儿童进行了测查，发现城市的儿童用心理理论解释人的行为（如"他帮我捉虫子是因为我和他喜欢捉虫子"）的频率高（约60%），而且出现得早，而农村儿童大部分倾向于用情境解释人的行为（如"她帮我拿书是因为如果她不帮，我就会错过公共汽车"），只有20%的人用心理内容解释人的行为。

人类学的研究发现，有些种族在日常交流中避免使用一些表示心理状态的词语，如情感、认知、人格、行为等，他们不愿意谈论自己和他人的心理状态和行为。巴奇和韦尔曼（1995 年）认为，儿童理解心理状态的能力是一致的，但在不同文化背景下，不同种族对心理所形成的认识是不同的。华尔和约里（Wahi, Johri, 1994年）以及威登（Vinden, 1996 年）的跨文化研究也得出了类似的结论[3]。

〔1〕 Flavell, J. H. , "Cognitive development: Children knowledge about the mind", *Annual Review Psychology*, 1999, pp. 21~45.

〔2〕 Lillard, A. , "Ethnopsychologies: Cultural variations in theories of mind", *Psychological Bulletin*, 1998, 123 (1), pp. 31~32.

〔3〕 Alexandra, L. , Cutting, Dunn, J. , "Theory of mind, emotion understanding, Language, and family background: individual differences and interrelations", *Child development*, 1999, (70), pp. 853~865.

第八章

深化与拓展：心理理论的发展趋势

不可否认，心理理论的研究是当今心理学界的热门话题，国内外认知学派的学者都从不同的角度来研究它。儿童心理学家重在研究它的起源和发展，研究对象集中在学前儿童；临床病理学家则从心理异常的角度研究，希望能发现儿童异常的心理原因，为心理治疗提供依据；神经科学研究者则希望从生理病理上去找到问题的根源；社会心理学家也开始重视它的存在，并考虑心理理论的发展对人复杂社会交往的影响。总之，心理理论拓宽了心理学界研究的视野，成为心理学研究的新宠，也许还将成为心理学的一门新兴学科。

第一节 心理理论研究存在的问题与困境

迄今为止，心理理论研究中仍有许多问题尚未得到令人满意的解答。各种争议甚多，不同研究途径又往往得出不同结果，使得相应的研究显得十分零乱。如果这些结果无法得到很好整合，或许我们将永远无法了解其发展全貌。因此，如何整合这些零乱的结果，也许是将来的一项重要工作。但无论如何，这些结果无疑已经为我们打开了无数扇理解儿童心理发展的窗口。即使这些认识只是暂时的，并可能有失偏颇，但至少已使我们对这一迷团不再那么陌生。而如何解决这些问题，或许正是该领域最大的吸引力和发展动力所在。就我们的认识而言，心理理论的研究毫无疑问已经并且必将在关于儿童社会认知、认知发展的认识方面产生巨大而深远的影响。当前，对心理理论的研究，已经发展成为多角度、多手段、多领域的立体研究的态势。

一、主要的研究方向

归纳一下，ToM 的研究方向主要有以下三个方面：

第一，发展心理方向。首先，侧重于早期儿童 ToM 的产生与发展，力求发现儿童 ToM 各成分发展的具体年龄阶段及成分间的相互关系，同时探讨了不同文化背景下儿童 ToM 发展的差异。在普遍认为 2 至 6 岁是儿童 ToM 发展的关键期的基础上，研究者进行了更为全面和深入的研究。如莱斯利研究发现 18 个月的幼儿就能与其兄弟姐妹一起玩假扮游戏，表现出对他人心理的理解能力。佩尔奈等人发现在文化差异上儿童 ToM 的发展与家庭规模、父母职业、受教育水平差异呈正相关。其次，研究寻求 ToM 发展与其他心理现象的关系，研究 ToM 与语言能力、记忆、想象、注意、人格、情绪的关系。在应用问题上进一步深入研究了 ToM 发展与儿童攻击行为、亲社会行为、反语理解、同伴接纳等社会问题的关系。

第二，临床心理方向。研究对象主要集中于特殊症状人群，通过研究自闭症儿童、孤独症患者、脑损伤患者、精神分裂症患者的异常社会行为，了解特殊症状人群的 ToM 发展，以寻求他们病因的心理解释和治疗方案。目前，在自闭症儿童的研究上已经取得了较显著的成绩。如桑标等（2006 年）在自闭症儿童的中心信息整合与心理理论的关系研究中发现自闭症儿童存在弱的中心信息整合，进而影响儿童 ToM 的发展。

第三，脑神经研究方向。主要是探讨 ToM 的脑机制。研究集中在两个方面：一是脑成像研究，寻找与 ToM 功能有关的脑区相关位置；二是社会行为障碍人群的临床神经生物学研究。研究已经发现完成 ToM 任务中推测他人心理状态的脑区涉及腹内侧额叶，尤其是前旁带回；完成 ToM 任务中关于他人意图和外部空间信息加工的脑区主要涉及颞上沟回；完成 ToM 任务中关于情绪信息识别的脑区主要是杏仁核。

二、存在的问题与困境

心理理论自提出以来，在取得一系列卓有建树的研究成果的同时，一直以来就存在诸多的争议。结合当前国内外近 30 年来该领域的研究概况，这些问题与困境主要集中在以下四个方面：

（一）研究对象的客体化

从心理理论的定义来看，不管是广义还是狭义的理解，理解自己和他人的愿望、信念、意图等心理状态都是推测和解释他人行为的基础。因此，心理理论主要的研究对象是自我和他人的心理状态。然而不难发现，在当前的研究中，研究者非常关注自我对他人心理状态的归因以及在此基础之上对他人行为的推测和解释，但是在对于个体如何理解自身的愿望、意图和信念方面则相对关注较少，对由自身心理状态所引发的行为的推测和解释的关注则更为薄弱。研究者似乎更愿意相信笛卡尔式的"心灵私有观"，认为具有直接通向自身心灵的特权而无需进行探索，只是在如何将自我的心理状态转换为他人心理状态，并根据自身心理状态来推测和解释他人行为方面需要投入精力予以解释，或者说在自我与他人之间建立起桥梁才是当前心理理论研究的终极关怀。丹尼特对这一倾向显示出比较大的反感，并称其为"笛卡尔式的唯物主义的谬误"（Error of Cartesian Materialism）[1]。事实上，笛卡尔主义的心理现象私密性与第一人称权威性，即"一个人的心的状态是透明于其心之眼的"，早在维根斯坦（Wittgenstein）著名的"盒子里的甲壳虫类比"等思想实验中已经对此进行了严肃的逻辑批判，他们认为建立在私人语言之上的第一人称权威是无法自圆其说的。因此，弗拉维尔也认为对自我的心理内容的认识与对他人心理内容的认识，这两种知识之间的关系如何，仍将是该领域中十分富于争议的一个问题。对此，戈罗德曼（2007年）的建议是"更好地理解我们自身的心理状态，特别是了解自身心理状态的运作机制，将那些我们看似明确的毫无疑问的话题——心理表征的自明性（self-evidence）——重新放置到心理理论研究的核心地位，就像一面透视自我之镜，通过它，我们可以映射出与之类似的他人的心理状态，并赋予其像自我一般的意义"[2]。

---

〔1〕 ［英］布莱克摩尔：《人的意识》，耿海燕等校译，中国轻工业出版社 2007 年版，第 59~60 页。

〔2〕 Goldman, A., Mason, K., "Simulation", *Philosophy of Psycholog and Cognitive Science*, 2007, pp. 267~293.

（二）研究内容的狭隘化

从心理理论研究的内容上来看，鉴于实际的需要和实验操作的便利，目前有关心理理论的研究主要集中在对狭义心理理论定义下的内容（即诸如意图、愿望与信念等心理状态）进行研究。如上所述其中又以信念和愿望为主要研究内容。许多实验都采用经典的"错误信念"理解任务，把它作为判断儿童是否获得心理理论能力的唯一指标，这无疑进一步缩小了心理理论的研究范围。高普尼克和梅尔佐夫直接质疑了这种研究取向只专注于儿童何时理解"错误信念"经常造成的误导，因为信念仅仅是儿童在他们与人的日常相互作用中理解和使用的许多心理状态之一。儿童可能只是在大约 4 岁才形成一种对错误信念的稳定理解，但他们更早地行进在对人的常识心理学理解的发展道路上。[1]阿斯廷顿也认为，没有证据表明儿童对意图的元表征理解与他们对信念的元表征理解相关或随着他们对信念的元表征理解而发展，并且愿望和信念在决定人的行为上同等重要。这的确十分容易理解，在一个完整的心理状态中信念固然占据比较高级的地位，但是仅仅拥有信念并不能完全有效地帮助人们推测和解释由该心理状态所引发的行为。例如，在一个重要的宴会上，看到并相信桌子上放满了美味佳肴（持有一个信念），但是在主人没有致辞之前是不会产生大快朵颐的想法（愿望），更不会有将筷子伸向某道自己喜欢吃的菜的行为或倾向（意图）。因此，要想有效地推测和解释自我与他人的行为，必须更为系统地了解有关意图和愿望等基础性的心理状态。萨克西敏锐地指出"未来的工作应该集中在设计出包括意图、情绪、愿望、信念等在内的多种实验任务"[2]。

（三）解释模型的多元化

当前心理理论研究在结论解释方面存在多种理论模型，这些模

［1］ Astington, J. W. , "Language and metalanguage in children's understanding of mind", In: Astington JW（eds）, *Winds in the making: Essays in honour of David R. Olson.* Oxford, England: Blackwell, 2000, pp. 267~284.

［2］ Saxe, R. , Carey, S. , Kanwisher, N. , "Understanding other minds: linking developmental psychology and functional neuroimaging", *Annual Review of Psychology*, 2004, （55）, pp. 87~124.

型主要有理论论、模仿论、模块论等。有时针对同一结论，由于研究者知识背景与所持信念的不同，做出的解释也大相径庭甚至截然对立，但实际上这些理论是并不矛盾的，只是各有所侧重。如理论论强调儿童心理理论的发展过程，模块论强调儿童心理理论的生理基础，模拟论关注儿童心理理论的发展方式，匹配论注重儿童对主体与客体之间的认识。虽然它们都得到一些相应证据的支持，但也都有自身无法解释的问题。因而一些研究者认为这几种并不是相互排斥的，在儿童心理理论的发展中可能同时包含了几种不同的发展模式，它们之间是相互补充的。

正因为儿童心理理论的发展的复杂性，要合理解释儿童的心理理论至少需要考虑以下因素：其一，先天或早期的生理成熟在儿童心理理论形成与发展中的作用；其二，正常个体都具备一定的内省能力，他们在试图推断不同心理条件下其他个体的心理状态时有可能运用这一能力；其三，信息加工及其他心理能力的提高使得心理理论的发展成为可能和变得容易；最后，经验会影响和改变儿童关于心理世界的概念及运用这些概念解释、预测自己或他人行为的能力。由于各种理论的出发点和侧重点不同，因此在解释儿童心理理论的起源、发展及变化等方面难免有偏差。弗拉维尔等人总结认为，每个理论均不乏一组支持自己的证据，因此某种恰当的理论，最后将包含所有源自这些理论的合理成分[1]。

（四）核心机制的匮乏化

当前心理理论研究中依然存在许多无法解释或解释不清的现象，这一问题的背后潜藏着缺少一种具有包涉力和说服力的核心机制的危机。例如路易斯等发现，儿童如何加工测试过程中所涉及的相关信息，可能影响到他们对错误信念的推测。如果让儿童在回答测试问题前，对某个错误信念故事中的成分加以复述，则这种简单操作将极大促进儿童的正确判断。这似乎表明，确保所有的相关信息存

〔1〕［美］J.H.弗拉维尔、P.H.米勒、S.A.米勒：《认知发展》（第4版），邓赐平、刘明译，华东师范大学出版社2002年版，第289~290页。

储于儿童的记忆，可促进儿童对错误信念的推测。[1]对于心理理论研究的生态效度的考察，也产生了一些特别引人关注的发现。罗素等的研究试图教导儿童进行一个竞争性的游戏，游戏中儿童应该欺骗性地指向一个里面不装糖果的盒子，而不是如实指出装有糖果的盒子，以便他们自己能够保留住糖果并不至于为竞争对手所得到。尽管 4 岁儿童很快明白了其中的道理，但是 3 岁儿童仍然一次次地指向装有糖果的盒子而不是空盒子。尽管他们的愿望是想要赢得糖果，并且在不可避免地总是输给对手时体验到明显的挫折感，但是他们仍然持续这样做。[2]另外来自高芬（Gauvain）和格林（Greene）的外表——事实性实验研究显示，2 岁和 3 岁的儿童对客体的真实性的认识虽然并不一定体现在明显的认知过程中，但是也有模糊的认识。例如，当要求他们选择某物以防止一张纸被风吹走时，他们选择的是一块真的石头，而不是一块外表酷似石头的海绵。[3]以上这些证据都在不断暗示，在当前心理理论研究历程中，在这些看似"矛盾"的实验现象与结论背后也许隐藏着一些迄今仍然未知的核心机制。

这些机制在儿童心理理论发展过程中扮演着极其重要的角色，如果能够有效地揭示出这些机制的冰山一角，原先的这些争论就能迎刃而解。

第二节　心理理论研究未来发展的展望

儿童心理理论发展的研究是当前心理学认知发展领域的热点问题。但是同时从上述分析可以看出，儿童心理理论发展的研究也是一个极具潜力的领域，许多问题还没有得到解决。例如，已进行的

---

〔1〕　Lewis, C., Mitchell, P, "Children's understanding of mind: Origins and development", *Hillsdale*, NJ: Erlbaum, 1994, pp. 17~19.

〔2〕　Russll, J., Mauthner, N., Sharpe, S., etal., "The 'windows task' as a measure of strategic deception in preschoolers and autistic subjects", *British Journal of Development Psychology*, 1991, 9 (2), pp. 331~359.

〔3〕　Gauvain, M., Greene, J.K., "What do young children know about objects?", *Cognitive Development*, 1994, (9), pp. 311~329.

许多研究普遍认为儿童心理理论的形成是基于错误信念的获得，而且研究方法也大多采用错误信念的经典实验及其变式。事实上，心理理论包含许多心理结构，信念和错误信念只是其中的两种，其他的心理结构还包括知觉、愿望、知识、意图等。在人们的心理状态、行为和周围的环境之间存在着许多因果关系（如看见和知道之间的关系，愿望和行为之间的关系）。对信念和错误信念的理解只是儿童走向成熟心理理论漫长征途上的一个里程碑。因此，基于错误信念研究提出的心理理论发展的理论也就相应地受到怀疑。一些研究者对用错误信念任务测试心理理论提出了异议。虽然不同的理论都不乏支持自己反对他人的一些实验证据，但由于其基础本身令人怀疑，也不禁使人对建立于其上的理论体系产生了怀疑。所以，目前儿童心理理论研究的根本任务就是寻找到适当的研究范式，使其能更深入、更全面地揭示儿童心理理论的发展。此外，已提出的儿童心理理论发展的理论模型也都只是解释了儿童心理理论发展的某一方面。要真正解释儿童如何获得心理理论这一问题，还需要心理理论研究者的继续努力。

另外，从论文分析中可以看出，以前关于心理理论的研究主要注重于获得心理理论的年龄，而且大部分研究还处于一种相关水平的研究，而对于因果机制、跨文化研究比较缺乏。因此，在后继研究中，我们应该注重对不同地区、不同种族、特殊儿童心理理论发展的研究并查明导致发展差异的原因，为教育和治疗提供理论指导；探查语言在心理理论发展中的作用和心理理论的大脑神经生理机制，从而揭示心理理论发展的机制和影响因素；加强应用研究，为提高个体的心理理论能力，发展其良好的社会交往技能，矫正不良行为习惯提供理论指导。同时我们应该努力设计出像错误信念任务一样清晰明了的评估儿童对愿望和目的理解的标准化任务，既要关注儿童心理表征的发展，也要关注儿童对现实社会的理解；注重儿童对心理理论发展的现实意义的研究，既要注重他们对认知状态的理解发展、注重他们对动机、目的状态的理解发展，也要注重他们对错误信念任务理解后的心理理论的发展的研究，从而推进心理理论研究的扩展和延伸。

在过去的三十余年里，心理理论的研究取得了长足的进步，未来的研究将向何处去？本书在综合心理理论各方面研究进展及趋势认为，对其未来 ToM 的研究，可以进行如下展望：

一、在理论的研究上整合并完善

虽然在将近 30 年的 ToM 研究中取得了不少成果，但比较其他成熟理论而言，很多方面还有待完善。虽然研究者都倾向于以经典任务对 ToM 进行研究，也提出了一些 ToM 的模式，但是否已经揭示 ToM 的整体面貌，能否在此基础上建立一个完善的 ToM 心理结构？ToM 的发生机制如何产生的？与之相关心理状态的发展以及各心理状态之间的相互关系对 ToM 的发展的作用等都有待研究。

二、在研究方法上实现多样化，尤其是其他非语言方法的运用

研究方法的突破将会给 ToM 带来非常广阔的前景。早期的一些实验任务往往信息量过大，过于复杂，导致儿童理解困难。所以在以后的实验任务设计上可设计一些儿童容易理解的简单实验任务。另外，过去的研究一般是使用言语性任务，有研究表明儿童心理理论能力和言语技能有关，所以这有可能导致在对一些言语理解有困难的儿童和聋童的心理理论能力的测试时低估了他们的能力，若能使用非言语性任务也许可使研究有所突破。目前有些学者以游戏来取代听故事、理解语言反馈的做法，通过假扮游戏中的角色扮演来了解儿童的真实想法，但这些方法的采用需要在如何能客观地评价实验结果以及广泛收集数据等方面有所突破。

三、在研究对象方面，延长年限，从出生到死亡，终其一生

拓展心理理论的研究对象，把目前的研究对象从儿童拓展到成人、老人，不仅对解释知识丰富的成人的心理理论问题有着重要的意义，体现心理理论研究的终身化趋势（Flavell，Miller，1998 年），更重要的是它对心理理论的研究范式、理论解释、内在机制等方面都提出了严峻的挑战。我们必然会思考：儿童的研究范式是否适用于成人？成人的研究范式与儿童的研究范式的内在联系是什么？心

理理论的终身发展轨迹和内在机制是什么？如何解释成人与儿童的心理理论的差别及二者的内在关系？这些问题犹如水底的沙石将随着 ToM 的发展而逐步浮出水面。目前在国外已经有一些关于成年人心理理论发展的研究，如研究表明老年人 ToM 与执行功能的相关模式在成人和学前阶段是不同的。老年人在两种复杂程度不同的 ToM 任务（故事理解任务和失言理解任务）上的不同表现提示，较晚发展出的心理理论较早衰退，而较早发展出的心理理论较晚衰退。

四、在研究范围上，扩展探查心理理论发展与其他心理现象之间的关系

　　心理理论的各个方面是紧密联系的，研究者们开始着眼于心理理论发展与其他心理现象之间的关系并取得了一定进展。许多研究证明心理理论的发展与语言能力有密切关系。如哈佩（1995 年）的研究表明，无论是正常儿童还是自闭症儿童，其完成错误信念任务的能力都明显与语言能力有关。心理理论的发展与记忆想象注意等也有密切关系。戈登和奥尔森（Olson，1998 年）的研究表明，心理保持能力的变化使心理理论的表达和形成成为可能。泰勒和卡尔森（1997 年）的研究表明，4 岁儿童心理理论作业成绩与想象能力有显著相关，哈拉和罗素（1998 年）[1]的研究证明心理理论与儿童的工作记忆注意的灵活性抑制控制有关。此外，现在有研究表明，精神分裂症患者存在心理理论能力的损伤并受到精神症状和言语智商的显著影响，但病程的作用不明显。这种损伤可能只是一种状态，而不是一种特质。[2]这些研究已经认识到了心理理论与其他心理现象的关系，但是还很不深入和系统。所以，探查心理理论发展与其他心理现象之间的关系也将是完善心理理论研究的一项重要工作。

---

　　[1]　Hala, S., Russell, J., "Executive control with strategic deception: A window on early cognitive develoment", *Journal of Experimental Child Psychology*, 2001, (80), pp. 112~141.
　　[2]　刘建新、苏彦捷："精神分裂症个体的心理理论及其影响因素"，载《中国心理卫生杂志》2006 年第 1 期。

五、在神经科学方面，进一步探明 ToM 的脑机制

脑神经科学研究技术的发展，让人们可以看到人脑中更加微观和精密的组织，为打开心理学研究的黑箱操作提供了可能。因此，如何紧密联系先进科学技术的发展，借助脑科学的新进展去探明 ToM 的脑机制将成为脑神经的一项重要的研究内容。临床脑机制研究发现心理理论功能严重受损而且报告了双侧杏仁核损伤的患者既无法根据他人眼意揣测他人心理，同样也觉察不出过失行为。在脑成像技术研究中发现了一些与心理理论相关的脑区，即在个体完成心理理论相关的任务时，腹内侧额叶、杏仁核以及颞顶联合区的颞上沟这三个区域有明显的激活。[1]

六、在社会应用方面，加强与社会行为的相关性研究

基础研究的最终目的是用获得的结论和规律对实践活动进行指导，心理理论的研究也不例外。因此，如何将心理理论研究的成果用于教育实践，将是心理理论研究未来的主要取向之一。目前 ToM 研究已经进入到与孤独症、精神病、聋哑儿童心理问题的成因和治疗研究中，应用于帮助提高儿童的社会认知和社会行为能力，例如巴特·查瓦（Bat-Chava），雅艾尔（Yael）等人在利用助听设备帮助聋哑儿童掌握心理理论以提高他们的社会认知及社会技能的研究中已经取得了很好的效果。将来 ToM 还可以在儿童的社会道德行为培养中发挥其重要作用。已有研究表明，儿童的 ToM 水平整体上与儿童的亲社会行为具有紧密的关系，儿童 ToM 的发展或许通过影响亲社会行为，间接地指导儿童日常生活中的同伴交往与同伴关系。

---

〔1〕 张兢兢、徐芬："心理理论脑机制研究的新进展"，载《心理发展与教育》2005年第 4 期。

参考文献

一、外文文献（以字母为序）

[1] Alexandra, L. , Cutting, Dunn, J. , "Theory of mind, emotion understanding, language, and family background: individual difference and interrelations", *Child development*. 1999, (70).

[2] Appleton, M. , Reddy, V. , "Teaching three year olds to pass false belief tests: conversational approach", *Social Development*, 1996, (5).

[3] Astington, J. W. , "The child's discovery of the mind", *Cambridge* , MA: Harvard University Press, 1993.

[4] Astington, J. W. , "The future of theory of mind research: understanding motivational states, the role of language and real-world consequences", *Child Development*, 2001, 72 (3).

[5] Astington, J. W. , "Theory of Mind Goes to School", *Educational Leadership*, 1998, (56).

[6] Astington, J. W. , *Language and metal language in children's Understanding of mind*, In: Astington, J. W. (eds), *Winds in the making: Essays in honor of David R. Olson.* , Oxford, England: Blackwell, 2000.

[7] Astington, J. W. , Harris, P. L. , Olson, D. R. (eds), *Developing the-ories of mind*, New York: Cambridge University Press, 1988.

[8] Baron- Cohen, S. , Leslie, A. M. , Firth, U. , "Do the autistic child have a theory of mind? ", *Cognition*, 1985, (21).

[9] Baron-Cohen, S. , Leslie, A. M. , Firth, U. , "Mechanical, behavioral and Intentional understanding of picture stories in autistic children", *British Journal of Developmental Psychology*, 1986, l4 (2).

[10] Baron-Cohen, S. , "Autism and symbolic play", *British Journal of Develop-

mental Psychology, 1987, (5).

[11] Baron-Cohen, S. , O' Riordan, M. , Jones, R. , Stone, V. E. , Plaisted, K. , "A new test of social sensitivity: Dectection of faux pas in normal children and children with-Asperger syndrome", *Journal of Autism and Developmental Disorders*, 1999, (29).

[12] Baron-Cohen, S. , "Are autistic children behaviorists? An examination of their mental physical and appearance-reality distinctions ", *Journal of Autism and developmental disorders*, 1989, (19).

[13] Baron-Cohen, S. , "How to build a baby that can read mind: cognitive mechanisms in mind- reading", *Cahiers de Psychologies Cognitive Current Psychology of Cognition*, 1994, (13).

[14] Baron-Cohen, S. , Ring, H. , "A model of them in dreading system: Neuro psychological and neuro biological perspectives", In: C. Lewis, P Mitchell, *Child's Early Understanding of Mind: Origins and Development* Mahwah: LEA, 1994.

[15] Baron-Cohen, S. , Joliffe, T. , "Another advanced test of theory of mind: evidence from very high-functioning adults with autism or Asperger's syndrome", *Journal of Child Psychology and Psychiatry*. 1997, (38).

[16] Baron-Cohen, S. , Hammer, J. , "Parents of children with asperger syndrome: What is the cognitive phenol type", *Journal of Cognitive Neuroscience*, 1997, (9).

[17] Baron-Cohen, S. , "The extreme male brain theory of autism", *Trendsin Cognitive Sciences*, 2002, 6 (6).

[18] Baron-Cohen, S. , *Mindblindness*, MIT Press/ Bradford Books, 1995.

[19] Baron-Cohen, S. , "The Eye-Direction Detetor (EDD) and the Shared Attention Mechanism (SAM): two cases for evolutionary psychology", In C. Moore, and P. Dunham (eds.), *The Role of Joint Attention in development*. Hillsdale NJ: Erlbaum, 1995.

[20] Baron-Cohen, S. , "Does the study of autism justify minimalist innate modularity?", *Learning and Individual Differences*, 1998, 10 (3).

[21] Baron-Cohen, S. , "Precursors to a theory of mind: Understanding attention in others", *In The theory of mind: origins, development, and pathology*, Camaioni, L. , ed. , Blackwells, 1999.

[22] Baron-Cohen, S. , "The extreme male brain theory of autism", *Trendsin Cog-*

nitive Sciences, 2002, 6 (6).

[23] Baron-Cohen, S. , Autism, *In Cambridge encyclopaedia of Child Development*, Cambridge University Press, 2005.

[24] Bartsch, K. , Wellman, H. M. , *Children Talk About the Mind*, NY: Oxford University Press, 1995.

[25] Bee, H. , *Lifespan Development*, 2nd ed. , New York: Longman, 1998.

[26] Beeghly, M. , Bretherton, I. , Mervis, C. B. , "Mothers' internal state language to toddlers", *British Journal of Development Psychology*, 1986, (4).

[27] Bennetto, L. , Pennington, B. F. , Rogers, J. , "Intact and Impaired memory function In autism", *Child Development*, 1996, 67 (4).

[28] Bird-Cetal, "The impact of extensive medial frontal lobe damage on theory of mind and cognition", *Brain*, 2004, (4).

[29] Bosacki, S. , Astington, J. W. , "Theory of mind in preadolescence: Relations between social understanding and social competence", *Social Development*, 1999, (8).

[30] Botterill, G. , Carruthern, P. , *The Philosophy of Psychology*, Cambridge University Press, 1999.

[31] Bradmetz, J. , "Is the acquisition of a theory of mind linked to a specific competence beyond three years of age?", *Intelligence*, 1998, 26 (1).

[32] Bradmetz, J. , Schneider, R. , "Is little red riding hood afraid of her grandmother? Cognitive vs. emotional response to a false belief", *British Journal of Developmental Psychology*, 1999, (17).

[33] Brunet, E. , Sarfati, Y. , Hardy Bayleet al, "A PET investigation of the attribution of intentions with a nonverbal task", *NeuroImage*, 2000, (11).

[34] Brunet, E. , Sarfati, Y. , Hardy Bayle et al, "Abnormalities of brain function during a nonverbal theory of mind task in schizophrenia", *Neuropsychologia*, 2003, (41).

[35] Castelli, F. , Happe, F. , Frith, U. , Frith, C. , "Movement and mind: A functional imaging study of perception and interpretation of complex intentional movement patterns", *NeuroImage*, 2000, (12).

[36] Call, J. , Tomasello, M. , "A nonverbal false belief task: The performance of children and great apes", *Child Development*, 1999, (70).

[37] Call J. , "Chimpanzee social cognition", *Trends in Cognitive Sciences*, 2001, (5).

[38] Carruthers, P. , Smith, P. K. , *Theories of theories of mind*, Cambridge: Cambridge University Press, 1996.

[39] Cooper, J. , Ashton, C. , Bishop, S. et al, "Clever hounds: social cognition in the domestic dog (Canis familiarize) ", *Applied Animal Behavior Science*, 2003, (81).

[40] Dennett, D. , *The Intentional Stance*, Cambridge, MA: MIT Press.

[41] Feldmen, C. F. , "The new theory of theory of mind", *Human Development*, 1992: 35.

[42] Dunn, J. , "Mind-reading, emotion understanding, and relationships", *International Journal of Behavior Development*, 2000, 24 (2).

[43] Dyck, M. , Denver, E. , "Can the emotion recognition ability of deaf children be enhanced? A pilot study", *Journal of Deaf Studies and Deaf Education*, 2003, 8 (3).

[44] Flavell, J. H. , "Cognitive Development: Children's Knowledge about the Mind", *Annual Review of Psychology*, 1999, (50).

[45] Flavell, J. H. , "Development of children's knowledge about the mental world", *International Journal of Behavioral Development*, 2000, (24).

[46] Flavell, J. H. , "Theory – of – mind development: retrospect and prospect", *Merrill-Palmer Quarterrly*, 2004, 50 (3).

[47] Frith, U. , Happe F. , "Autism beyond 'theory of mind' ", *Cognition*, 1994, (50).

[48] Gallagher, H. L. , Frith, C. D. , "Functional imaging of 'theory of mind' ", *Trends in Cognitive Sciences*, 2003, 7 (2).

[49] Gallagher, H. L. , Firth, C. D. , "Dissociable neural pathways forth perception and recognition of expressive and instrumental gestures", *Neuropsychologia*, 2004, (42).

[50] Gallagher, H. , Happe, F, Bruns Wick, N. , et al, "Reading the mind in cartoon sand stories: an fMRI study of 'theory of mind' in verbal and nonverbal tasks", *Neuro psychologia*, 2000, 38 (1).

[51] Gauvain, M. , Greene, J. K. , "What do young children know about objects?", *Cognitive Development*, 1994, (9).

[52] Gnepp, J. , Chilamkurti, C. , "Children's Use of Personality Attributions to Predict Other People's Emotional and Behavioral Reactions", *Child Development*, 1988, (59).

［53］ Goldman, A. , Mason, K. , "Simulation Philosophy of Psychology and Cognitive Science", 2007.

［54］ Gordon, R. , "Folk Psychology as Stimulation", In Davies, M, Stone, T. (eds), *Folk psychology*, Cambridge, Mass: Blackwell, 2002.

［55］ Gopnik, Alison, Meltzoff, Andrew, N. , Kuhl, Patricia, K. , "The scientist in the crib: What early learning tells us about the mind", *Journal of Nervous & Mental Disease*, 1999.

［56］ Gopnik, A. , "The theory theory as an alternative to the innateness hypothesis", In Antony L, Hornstein N. (ed.), *Chomsky and his critics*, Blackwells, Oxford, 2003.

［57］ Gopnik, A. , Meltzoff, A. N. , *Words, thoughts and theories*, Cambridge, MA: MIT Press, 1997.

［58］ Happe, F. , "Central coherence and theory of mind in autism: reading homographs in context", *British Journal of Developmental Psychology*, 1997, (15).

［59］ Happe, F. , "Autism: cognitive deficit or cognitive style?", *Trends in Cognitive Sciences*, 1999, 3 (6).

［60］ Happe, F. , "Studying weak central coherence at low levels: children with Autism do not succumb to visual illusions. Are search note", *Journal of Child Psychology&Psychiatry*, 1996, 37 (7).

［61］ Happe, F. , "Social and nonsocial development in autism: Where are the links?", In J. A. Burack, T. Charman, *The development of autism: Perspective from theory and research*, Mahwah: L. E. A. , 2001.

［62］ Happe, F. , Briskman, J. , Frith, U. , "Exploring the Cognitive Phenol type of Autism: Weak 'Central Coherence' in Parents and Siblings of Children with Autism: I. Experimental Tests", *Journal of Child Psychology&Psychiatry*, 2001, 42 (3).

［63］ Hare B. , Call, J. , Agnetta, B. , Tomasello, M. , "Chimpanzees know what conspecifics do and do not see", *Animal Behaviour*, 2000, (59).

［64］ Harris, P. L. , Johnson, C. N. , Hutton, D. , Andrews, G. , Cooke, T. , "Young children's theory of mind and emotion", *Cognition and Emotion*, 1989, (3).

［65］ Harris, P. L. , Leevers, H. , "Pretending, imagery and self-awareness in autism", In Baron-Cohen S, Tager-Flusberg, H. , Cohen, D. (ed.). *Understanding other minds: Perspectives from autism and developmental cognitive neuro-*

science (2*nd ed*) . Oxford, England: Oxford University Press, 2000.

[66] Henry, M. , Wellman, David, Cross, and Julanne Waston, "Meta-analysis of theory-of-mind development: the truth about false belief", *Child development*, 2001 (72).

[67] Heyes, C. M. , "Theory of mind in nonhuman primates", *Behavioral and Brain Science*, 1998, (21).

[68] Heyman, G. D. , Gelman, S. A. , "Young Children Use Motive Information to Make Trait Inferences", *Developmental Psychology*, 1998, (34).

[69] Heyman, G. D. , Gelman, S. A. , "Beliefs About the Origins of Human Psychological Traits", *Developmental Psychology*, 2000, (36).

[70] Hogrefe, G. J. , Wimmer, H. , Perner, J. , "Ignorance versus false belief: A developmental lag in attribution of epistemic states", *Child Development*, 1986, (57).

[71] Hobson, R. P. , "early childhood autism and the question of egocentrism", *Journal of Autism and Developmental Disorders*, 1984, (14).

[72] Hooker, C. , Paller, K. , Gitelman, D. , Ret al, "Brain network for analyzing eye gaze", Cognitive Brain Research, 2003, (17).

[73] Inoue-Nakamura, Matsuzawa, "Development of stone tool use by wild chimpanzee (Pantroglodytes) ", *Journal of Comparative Psychology*, 1997, (111).

[74] Jacqueline, D. Woolley, Katrina, E. , Phelps, Debra, L. Davis, and Dorothy, J. , Mandell, "Where theories of mind meet magic: the development of children's beliefs about wishing", *Child development*, 1999, (70).

[75] Jenkins, J. M. , Astington, J. W. , "Cognitive factors and family structure associated with theory of mind development in young children", *Developmental Psychology*, 1996, (32).

[76] Jarrold, C. , Butler, D. W. , "Linking theory of mind and central coherence biasin autism and in the general population", *Developmental Psychology*, 2000, (36).

[77] Andrew, S. , Baron, Jolliffe, T. , "Are people with autism and Asperger syndrome faster than normal on the Embedded Figures Test?", *Journal of Child Psychology and Psychiatry*, 1997, (38).

[78] Jolliffe, T. , Baron – Cohen, S. , "Linguistic process inginhigh – function in gadults with autism or Aspergersyndrome: Canlocal coherence be achieved? A test of central coherence theory", *Cognition*, 1999, (71).

[79] John, H. Flavell, "Development of children's knowledge about the mental word", *International journal of behavioral development*, 2000, (24).

[80] Jose, Perner, Ted Ruffman, Susan, R., Leekam, "Theory of mind is contagious: you catch it from your sibs", *Child development*, 1994, (65).

[81] John, H., Flavell, Frances, L., Green, Eleanor, R., Nancy, T. Lin, "Development of children's knowledge about unconsciousness", *Child development*, 1999, (70).

[82] Johnson, S. C., Solomon, G. E. A., "Why Dogs Have Puppies and Cats Have Kittens: The Role of Birth in Young Children's Understanding of Biological Origin", *Child Development*, 1997, (68).

[83] Kuhn, T. S., *The structure of scientific revolution*, second edition, enlarged, Chicago: The University of Chicago Press, 1970.

[84] Lan, M., Leslie, "Pretense and Representation: The Origins of 'Theory of Mind'", *Psychology Review*, 1987, 4 (94).

[85] Lalonde, C. E., Chandler, M. J., "Children's Understanding of Interpretation", New *Ideas in Psychology*, 2002, (20).

[86] Lewis, C., Mitchell, P., *Children's understanding of mind: Origins and development*, Hillsdale, NJ: Erlbaum, 1994.

[87] Lewis, C., Mitchell, P., *Children's early understanding of mind: Origins and development, Hillsdale, NJ: Erlbaum*, 1994.

[88] Leslie, A. M., Friedman, O., German, T. P., "Core mechanisms in 'theory of mind'", *Trends in Cognitive Sciences*, 2004, (8).

[89] Leslie, A. M., "*ToMM, ToBy, and Agency*, Core architecture and domain specificity", In: Lawrence, A., *Mapping the Mind: Domain specificity in Cognition and culture*, New York: Cambridge University Press, 1994.

[90] Marjorie, Taylor, Stephanie, M. Carlson, "The relation between individual differences in fantasy and theory of mind", *Child development*, 1997, (68).

[91] Mark, K., Sabbagh, Maureen, A., Callanan, "Meta representation in action: 3, 4, and 5 year child conversations", *Developmental psychology*, 1998, (34).

[92] Meltzoff, A. N., "Understanding the Intentions Old Mind Task Decline in Old Age?", *British Journal of Psychology*, 2002, 93 (4).

[93] Miller, E. K., "The Prefrontal Cortex and Cognitive Control", *Nature Reviews Neuroscience*, 2000, (1).

[94] Mildner, V. , *The cognitive neuro science of human communication*, New York London: Taylor&Francis Croup, 2008.

[95] Moll, H. , Tomasello, M. , "12- and 18-month-old Infant Follow Gaze to Space Behind Barriers", *Developmental science*, 2004, 7 (1).

[96] Moore, C. , "Theories of Mind in Infancy", *British Journal of Developmental Psychology*, 1996, (14).

[97] Moore, C. , D'Entremont, B. , "Developmental change in Pointing as a Function of Attentional Focus", *Journal of Cognition and Development*, 2001, 2 (2).

[98] Moore, C. , Pure, K. , Furrow, D. , "Children's Understanding of Modal Expreion of Speaker Certainty and Uncertainty and Its Relation to the Development of a Representational Theory of Mind", *Child Development*, 1990, (61).

[99] Moses, L. , "Executive Accounts of Theory of Mind Development", *Child Development*, 2001, (72).

[100] Noritz Yamaha, Cory Schulman, "Serration, conservation, and theory of mind abilities in individuals with autism, individuals with mental retardation, and normally developing children", *Child development*, 1996, (67).

[101] Penn, D. C. , Povinelli, D. J. , "On the lack of evidence that non-human animals possess anything remotely resembling a 'theory of mind' ", *Philosophical Transactions: Biological Sciences*, 2007, (362).

[102] Perner, J. , "Theory of mind", *Developmental Psychology*, 1999.

[103] Peterson C. , Wellman H. M. , Liu D. , "Steps in theory-of-mind development for children with deafness or autism", *Child Development*, 2005, 76 (2).

[104] Plaisted, K. C. , "Reduced generalization in autism: Analternative to weak central coherence", In: J. A. , Burack, T. , Charman, *The development of autism: Perspective from theory and research*, Mahwah: LEA, 2001.

[105] Pons, F. , Lawson, J. , Harris, P. L. , deRosnay, M. , "Individual differences in children's emotion understanding: Effects of age and language", *Scandinavian Journal of Psyhcology*, 2003, (44).

[106] Pons, F. , Harris, P. L. , de Rosnay, M. E. , "motion comprehension between 3 and 11 years: Developmental periods and hierarchical organization", *European Journal of Developmental Psychology*, 2004, 1 (2).

[107] Premack, D. , Woodruff, G. , "Does the chimpanzee have a theory of mind?", *The Behavioral and Brain Sciences*, 1978, (4).

［108］ Povinelli, D. J. , Preuss T M. , "Theory of mind: Evolutionary history of a cognitive specialization", *Trends in Neuroscience*, 1995, (18).

［109］ Povinelli, D. J. , Vonk, J. , "Chimpanzee minds: suspiciously human? ", *Trends in Cognitive Sciences*, 2003, (7).

［110］ Povinelli, D. J. , "What chimpanzees (might) know about the mind", In: Richard, W, Wrangham, W. C. , McGrew, Frans, B. M. , de Waal, Paul, G. , Heltne (ed.), *Chimpanzee Cultures*, London: Harvard University Press, 1994.

［111］ Reaux, J. E. et al. , "A longitudinal investigation of chimpanzees' understanding of visual perception", *Child Development*, 1999, (70).

［112］ Rhys, J. S. , Ellis, H. D. , "Theory of mind: Deaf and hearing children's comprehension of picture stories and judgments of social situations", *Journal of Deaf Studies and Deaf Education*, 2000, 5 (3).

［113］ Rosnay, M. D. , Francisco, P. , Harris, P. L. , Morrell, J. M. B. , "A lag between understanding false belief and emotion attribution in young children: relationships with linguistic ability and mothers' mental – state language", *British Journal of Developmental Psychology*, 2004, (22).

［114］ Russll, J. , Mauthner, N. , Sharpe, S. , et al, "The 'windows task' as a measure of strategic deception in preschoolers and autistic subjects", *British Journal of Development Psychology*, 1991, 9 (2).

［115］ Sabbagh, M. A. , "Understanding orbit frontal contributions to theory of mind reasoning: Implications forautism", *Brain and Cognition*, 2004, (55).

［116］ Sandra Leanne Bosacki, "Theory of mind and self-concept in preadolescents: links with gender and language", *Journalof educational psychology*, 2000, (92).

［117］ Saxe, R. , Carey, S. , Kanwisher, N. , "Understanding other minds: linking developmental psychology and functional neuro imaging", *Annual Review of Psychology*, 2004, (55).

［118］ Schick, B. , De Villiers, J. , De Villiers, P. , Hoffmeister, B. , "Theory of Mind: Language and Cognition in Deaf Children", Presented at the annual meeting of the American Speech – Language – Hearing Association, New Orleans, LA. 2002, (22).

［119］ Scholl, B. J. , Leslie, M. , "Modularity development and 'theory of mind' ", *Mind and Language*, 1999.

［120］ Scott, S. , "Chimpanzee Theory of Mind: A Proposal from the Armchair",

Carleton University Cognitive Science Technical Report 2001 – 06, http://www. carleton. ca/iis/TechReports.

[121] Shah, A. , Frith, U. , "Why do autistic individuals show superior per for manceon the block design task?" , *Journal of Child Psychology and Psychiatry*, 1993, (34).

[122] Solomon, G. E. , Johnson, S. C. , Zaitchik, D. , et al, "Like Father, Like Son: Young Children's Understanding of How and Why Children Resemble Their Parents", *Child Development*, 1996, (67).

[123] Springer K. , "Young Children's Understanding of a Biological Basis of Parent–offspring Relation. ", *Child Development*, 1996, (67).

[124] Tara, C, Philippe, R. A. , Claux, M. L. , et al. , "Synchrony in the on Set of Mental state Reasoning", *Psychological Science*, 2005, 16 (5).

[125] Taylor M G. , "The Development of Children's beliefs about social and biological aspects of gender differences", *Child Development*, 1996, (67).

[126] Tager–Flusberg, H. , "Are examination of the theory of mind hypothesiso autism", In: J. A. , Burack, T. , Charman, *The development of autism: Perspective from theory and research.* Mahwah: LEA, 2001.

[127] Tager–Flusberg, H. , "Acomponential view of theory of mind: Evidence from Williams syndrome", *Cognition*, 2000, (76).

[128] Tomasello, M. , Call, J. , *Primate Cognition*, New York: Oxford University Press, 1997.

[129] Tomasello, M. , "Primate cognition: Introduction to the issue", *Cognitive Science*, 2000, (24).

[130] Tomasello, M. , Call, J. , Hare, B. , "Chimpanzees understand psychological states–the question is which ones and to what extent", *Trends in Cognitive Sciences*, 2003, (7).

[131] Uller, C, Nichols, S. , "Goal attribution in chimpanzees", *Cognition*, 2000, (76).

[132] Vauclair, J. , "Primate cognition: From representation to language", In: Sue TP & Kathleen RG. *"Language" and intelligence in monkeys and apes –comparative developmental perspectives.* New York: Cambridge University Press, 1990.

[133] Wellman, H. M. , Wooley, J. , "From simple desires to ordinary beliefs the early development of everyday psychology", *Cognition*, 1990, (35).

[134] Wellman, H. M. , Gelman, S. A. , "Cognitive Development: Foundational

Theories of Core Domains", *Annual Review of Psychology*, 1992, (43).

[135] Wellman, H. M. , *The Child's Theory of Mind.* , Cambridge MA: MIT Press, 1990.

[136] Wellman, H. M. , Cross, D. , Watson, J. , "Meta-analysis of theory of mind development: The truth about false belief", *Child Development*, 2001, 72 (3).

[137] Wellman, H. M. , Phillips, A. T. , "Developing Intentional Understandings", In Malle, B. F. , Moses, L. J, , Baldwin, D. A. (ed.), *Intentions and Intentionality: Fundations of Social Cognition.* MIT Press, 2000.

[138] Wellman, H. M. , " Understanding the psychological world: Developing a theory of mind", In GoswamiU. (Ed.), *Handbook of childhood cognitive development*, Oxford: Blackwell, 2002.

[139] Weissman, D. , Het, al, " Conflict monitoring in the human anterior cingulated cortex during selective attention to global and local object feaures", *Neuro image*, 2003, (19).

[140] Wicker Betal, "A relation between rest and the self in the brain", *Brain Research Review*, 2003, (43).

[141] Widen, S. C. , Russell, J. A. , "A closer look at preschoolers' freely produced labels for facial expressions", *Developmental Psychology*, 2003, 39 (1).

[142] Woolfe, T. , Want, S. C. , Siegal, M. , "Siblings and Theory of Mind in Deaf Native Signing Children", *Journal of Deaf Studies and Deaf Education*, 2003, 8 (3).

[143] Woodward, Sommerville, J. , Guajardo, J. , "How infants make Sense of intentional action", *Intentions and intentionality foundations of social cognition*, Berlin: The MIT Press, 2001.

[144] Yuill, N. , " Understanding of Personality and Disposition", In: Bennett, M. (ed), *The Child as Psychologist: An introduction to the development of social cognition*, New York: Harvester Wheatsheaf, 1993.

[145] Yuill, N. , "English Children as Personality Theorists: Accounts of the Modifiability, Development, and Origin of Trait", *Genetic, Social & General Psychology Monographs*, 1997, (123).

[146] Yuill, N. , "Children's Conception of Personality Traits", *Human Development*, 1992, (35).

[147] Yuill, N. , Pearson, A. , "The Development of Bases for Trait Attribution:

Children's Understanding of Trait as Causal Mechanisms Based on Desire", *Developmental Psychology*, 1998, (34).

二、中文文献（以拼音为序）

[1] ［美］詹妮特·怀尔德·奥斯汀顿：《儿童的心智》，孙中欣译，辽海出版社 2000 年版。

[2] ［英］A. 卡米洛夫–史密斯：《超越模块性——认知科学的发展观》，缪小春译，华东师范大学出版社 2000 年版。

[3] ［美］D. M. 巴斯：《进化心理学：心理学的新科学》（第 2 版），熊哲宏、张勇、晏倩译，华东师范大学出版社 2007 年版。

[4] ［英］布莱克摩尔：《人的意识》，耿海燕等校译，中国轻工业出版社 2008 年版。

[5] 曹申平、李孝明："儿童理解误信念的心理机制假设"，载《心理学探新》2004 年第 2 期。

[6] 陈英和："儿童早期心理洞察力的发展——关于儿童社会认知的又一个研究方向"，载《心理科学》1999 年第 4 期。

[7] 陈英和、姚端维："虚误信念理解的研究视角及其机制分析"，载《心理科学》2001 年第 6 期。

[8] 陈英和、姚端维、郭向和："儿童心理理论的发展及其影响因素的研究进展"，载《心理发展与教育》2001 年第 3 期。

[9] 陈巍："功能主义对当代科学心理学研究的蒙蔽"，载《南通大学学报（教育科学版）》2007 年第 2 期。

[10] 陈友庆："'心理理论'的研究概述"，载《江苏教育学院学报（社会科学版）》2005 年第 5 期。

[11] 陈友庆："关注儿童心理理论能力的发展"，载《早期教育（教师版）》2006 年第 7 期。

[12] 陈友庆："学前儿童的'心理理论'在不同 ToM 任务中的发展特点"，载《心理与行为研究》2006 年第 4 期。

[13] 陈友庆："学前儿童情绪表征认知发展的实验研究"，载《天津师范大学学报（社会科学版）》2006 年第 3 期。

[14] 陈友庆、郭本禹："聋儿的心理理论发展特点及影响因素"，载《心理科学进展》2006 年第 3 期。

[15] 陈友庆、阴国恩："儿童依'相似性'分类能力的发展及影响分类结果因素的实验研究"，载《心理发展与教育》2002 年第 1 期。

［16］陈友庆、阴国恩：“儿童分类发展的特点及影响因素的实验研究”，载《天津师范大学学报（社会科学版）》2002 年第 6 期。

［17］陈欣银、李伯黍、李正云：“中国儿童的亲子关系、社会行为及同伴接受性的研究”，载《心理学报》1995 年第 3 期。

［18］崔云、李红：“论儿童的心理理论与执行功能的关系”，载《心理发展与教育》2004 年第 2 期。

［19］邓赐平：“幼儿心理理论的发展及其表征机制的研究”，华东师范大学2001 年博士学位论文。

［20］邓赐平、桑标、缪小春：“儿童早期‘心理理论’发展研究中的几个基本问题”，载《心理科学》2000 年第 4 期。

［21］邓赐平、桑标、缪小春：“程式知识与幼儿心理理论的发展关系”，载《心理学报》2002 年第 6 期。

［22］邓赐平、桑标：“不同任务情境对幼儿心理理论表现的影响”，载《心理科学》2003 年第 2 期。

［23］邓赐平、刘明：“解读自闭症的‘心理理论缺损假设’：认知模块观的视角”，载《华东师范大学学报（教育科学版）》2005 年第 4 期。

［24］丁峻、陈巍：“心理理论研究三十年：回顾与反思”，载《心理学探新》2009 年第 1 期。

［25］方富熹等：“纵向再探学前儿童心理理论发展模式”，载《心理学报》2009 年第 8 期。

［26］［美］J. H. 弗拉维尔、P. H. 米勒、S. A. 米勒：《认知发展》（第 4 版），邓赐平、刘明译，华东师范大学出版社 2002 年版。

［27］郭丽华、杨海燕：“幼儿心理理论发展与语言关系的研究综述”，载《教育导刊（下半月）》2004 年第 Z1 期。

［28］郭力平、冯君萍：“早期儿童的游戏与心理理论的发展”，载《心理科学》2003 年第 5 期。

［29］郝坚、苏彦捷：“听力正常家庭和聋人家庭中聋童心理理论的发展”，载《中国特殊教育》2006 年第 1 期。

［30］黄天元、林崇德：“关于儿童特质理解的心理理论研究”，载《心理科学进展》2003 年第 2 期。

［31］焦青：“10 例孤独症儿童心理推测能力的测试分析”，载《中国心理卫生杂志》2001 年第 1 期。

［32］［美］J. A. 福多：《心理模块性》，李丽译，华东师范大学出版社 2002年版。

[33] 李佳、苏彦捷：“纳西族和汉族儿童情绪理解能力的发展”，载《心理科学》2005 年第 5 期。

[34] 李红、高雪梅：“心理理论的发展：回顾与展望”，载《西华大学学报（哲学社会科学版）》2005 年第 1 期。

[35] 李红、高山、王乃弋：“执行功能研究方法评述”，载《心理科学进展》2004 年第 5 期。

[36] 李红、李一员：“执行功能和心理理论关系的发展研究”，载《西南师范大学学报（人文社会科学版）》2005 年第 2 期。

[37] 李小晶、李红、胡朝斌：“儿童心理理论研究现状和发展”，载《中国临床康复》2005 年 12 期。

[38] 李燕燕、桑标：“影响儿童心理理论发展的家庭因素”，载《心理科学》2003 年第 6 期。

[39] 李燕燕、桑标：“母亲教养方式与儿童心理理论发展的关系”，载《中国心理卫生杂志》2006 年第 1 期。

[40] 李卫华：“心理理论：旧酒装新瓶的另一种思路”，载《科教文汇（下旬刊）》2007 年第 6 期。

[41] 刘玉娟、方富熹：“儿童情绪伪装能力的发展研究”，载《心理科学》2004 年第 6 期。

[42] 刘国雄、方富熹、杨小冬：“国外儿童情绪发展研究的新进展”，载《南京师大学报（社会科学版）》2003 年第 6 期。

[43] 刘建新、苏彦捷：“精神分裂症个体的心理理论及其影响因素”，载《中国心理卫生杂志》2006 年第 1 期。

[44] 刘娟：“儿童一级与二级信念—愿望推理能力的发展”，西南大学 2008 年硕士学位论文。

[45] 刘希平、唐卫海、方格：“‘儿童对主观世界认识的发展’研究的热点”，载《心理科学》2005 年第 1 期。

[46] 刘秀丽：“西方关于儿童心理理论的理论解释”，载《东北师大学报（哲学社会科学版）》2004 年第 3 期。

[47] 刘娟：“3~6 岁孤独症儿童心理理论发展的研究”，北京师范大学 2004 年硕士学位论文。

[48] 刘岩等：“‘心理理论’的神经机制：来自脑成像的证据”，载《心理科学》2007 年第 3 期。

[49] 卢天玲、李红：“国外自闭症儿童心理理论与规则使用研究”，载《首都师范大学学报（社会科学版）》2004 年第 1 期。

［50］［英］迈克尔·西戈、张新立：《儿童认知发展研究：一种新皮亚杰学派观》，四川教育出版社 1999 年版。

［51］莫书亮、赵迎春、苏彦捷："心理理论的比较认知研究"，载《心理科学进展》2004 年第 6 期。

［52］莫书亮、苏彦捷："心理理论和语言能力的关系"，载《心理发展与教育》2002 年第 2 期。

［53］莫书亮、苏彦捷："孤独症的心理理论研究及其临床应用"，载《中国特殊教育》2003 年第 5 期。

［54］［日］片成男、［日］山本登志哉："儿童自闭症的历史、现状及其相关研究"，载《心理发展与教育》1999 年第 1 期。

［55］任真："自闭症儿童的心理理论与中心信息整合的关系研究"，华东师范大学 2004 年硕士学位论文。

［56］卿素兰、罗杰、方富熹："儿童核心领域朴素'理论'的研究进展"，载《心理科学》2005 年第 2 期。

［57］桑标、缪小春、陈美珍："幼儿对心理状态的认识"，载《心理科学》1994 年第 6 期。

［58］桑标、徐轶丽："幼儿心理理论的发展与其日常同伴交往关系的研究"，载《心理发展与教育》2006 年第 2 期。

［59］桑标、任真、邓赐平："自闭症儿童的中心信息整合及其与心理理论的关系"，载《心理科学》2006 年第 1 期。

［60］隋晓爽、苏彦捷："心理理论社会知觉成分与语言的关系"，载《心理科学》2003 年第 5 期。

［61］隋晓爽、苏彦捷："对心理理论两成分认知模型的验证"，载《心理学报》2003 年第 1 期。

［62］王桂琴等："儿童心理理论的研究进展"，载《心理学动态》2001 年第 2 期。

［63］王江洋："学前儿童心理理论与抑制性控制关系研究进展"，载《辽宁师范大学学报（社会科学版）》2003 年第 1 期。

［64］王玲："学前儿童心理理论、情绪理解、分享行为的发展及其关系的研究"，南京师范大学 2007 年硕士学位论文。

［65］王玲、陈友庆："儿童分享行为的影响因素及其培养策略"，载《家庭与家教（现代幼教）》2007 年第 1 期。

［66］王玲凤："幼儿心理理论的研究成果及其教育启示"，载《学前教育研究》2003 年第 4 期。

[67] 王美芳、陈会昌："错误信念理解后儿童心理理论的发展"，载《心理发展与教育》2001年第2期。

[68] 王美芳、张文新、林崇德："6—12岁儿童嵌套思维的发展研究"，载《心理科学》2001年第4期。

[69] 王乃弋、李红、高山："评执行功能的问题解决理论"，载《心理科学进展》2004年第5期。

[70] 王异芳、苏彦捷："从心理理论与执行功能的关系看孤独症"，载《心理科学进展》2004年第5期。

[71] 王异芳、苏彦捷："成年个体的心理理论与执行功能"，载《心理与行为研究》2005年第2期。

[72] 王益文："3~4岁儿童攻击行为的多方法测评及其与'心理理论'的关系"，山东师范大学2002年硕士学位论文。

[73] 王益文、林崇德："'心理理论'的实验任务与研究趋向"，载《心理学探新》2004年第3期。

[74] 王益文、林崇德、张文新："外表真实区别、表征变化和错误信念的任务分析"，载《心理科学》2003年第3期。

[75] 王益文、张文新："3~6岁儿童'心理理论'的发展"，载《心理发展与教育》2002年第1期。

[76] 汪玲、方平、郭德俊："元认知的性质、结构与评定方法"，载《心理学动态》1999年第1期。

[77] 王茜、苏彦捷、刘立惠："心理理论———一个广阔而充满挑战的研究领域"，载《北京大学学报（自然科学版）》2000年第5期。

[78] 王雨晴、陈英和："心理理论和元认知的关系述评"，载《心理与行为研究》2007年第4期。

[79] 席居哲、桑标、左志宏："心理理论研究的毕生取向"，载《心理科学进展》2003年第2期。

[80] 熊哲宏："儿童'心理理论'发展的'理论论'（The theory-theory）述评"，载《心理科学》2001年第3期。

[81] 熊哲宏："儿童发展的'表征重述模型'（RR Model）：是一种对皮亚杰理论的反叛吗?"，载《华中师范大学学报（人文社会科学版）》2002年第4期。

[82] 熊哲宏、王中杰："论高级认知系统的模块性——对J. 福多'中心系统的非模块性'论证的反驳"，载《湖南师范大学教育科学学报》2004年第5期。

［83］熊哲宏、李其维："模拟论、模块论与理论论：儿童'心理理论'发展的三大解释理论"，载《华东师范大学学报（教育科学版）》2001年第2期。

［84］徐芬、包雪华："儿童'心理理论'及其有关欺骗研究的新进展"，载《心理发展与教育》2000年第2期。

［85］徐芬等："幼儿心理理论水平及其与抑制控制发展的关系"，载《心理发展与教育》2003年第4期。

［86］廖渝等："意外地点任务中不同测试问题及意图理解与执行功能的关系"，载《心理学报》2006年第2期。

［87］薛璟："自闭症家长心理适应弹性建构影响因素研究"，华东师范大学2004年硕士学位论文。

［88］叶浩生："文化模式及其对心理与行为的影响"，载《心理科学》2004年第5期。

［89］叶浩生："库恩范式论在心理学中的反响与应用"，载《自然辩证法研究》2006年第9期。

［90］叶浩生："有关进化心理学局限性的理论思考"，载《心理学报》2006年第5期。

［91］叶浩生："社会建构论与心理学理论的未来发展"，载《心理学报》2009年第6期。

［92］杨怡："幼儿错误信念理解能力的训练研究"，西南师范大学2003年硕士学位论文。

［93］魏勇刚等："抑制性控制在幼儿执行功能与心理理论中的作用"，载《心理学报》2005年第5期。

［94］周念丽："自闭症幼儿社会认知实验及干预绩效研究"，华东师范大学2003年博士学位论文。

［95］张晓龙、宋耀武："心理理论的概念、研究进展与展望"，载《河北大学学报（哲学社会科学版）》2003年第4期。

［96］张文新等："3~6岁儿童二级错误信念认知的发展"，载《心理学报》2004年第3期。

［97］赵景欣、申继亮、张文新："儿童二级错误信念认知与二级情绪理解的发展"，载《心理科学》2006年第1期。

［98］赵红梅、苏彦捷："心理理论与同伴接纳"，载《应用心理学》2003年第2期。

［99］赵红梅、苏彦捷："学龄后心理理论的持续发展——从'获得'到'使

用'的转变"，载《心理学探新》2006 年第 2 期。

[100] 张兢兢、徐芬："心理理论脑机制研究的新进展"，载《心理发展与教育》
2005 年第 4 期。

[101] 张旭："汉语幼儿心理理论与语言的关系——不同语言能力幼儿的实验研
究"，华东师范大学 2005 年博士学位论文。

[102] 张婷等："不同维度的执行功能与早期心理理论的关系"，载《心理学
报》2006 年第 1 期。

[103] 赵景欣、张文新、纪林芹："幼儿二级错误信念认知、亲社会行为与同伴
接纳的关系"，载《心理学报》2005 年第 6 期。